"十四五"普通高等教育本科部委级规划教材

国家级一流课程配套教材（基础篇）

浙江省线上一流课程、智慧课程配套教材

U0728641

艺术经纬

面料设计与织造工艺

The Art of Ends and Fillings: Fabric Design & Weaving Technology

娄琳◎主编

中国纺织出版社有限公司

内 容 提 要

本书介绍了面料设计与织造的过去、现在、未来，深入浅出、系统生动地阐述了面料分析鉴别、面料设计方法、现代织造工艺与原理、织造实践流程与方法、创意织造等内容，实现了艺术美学与工程技术有机融合。每章匹配相应的实践项目及拓展资料，理论与实践紧密结合。本书配套建设了丰富的立体化教学资源，包括数字教材、线上一流课程、知识图谱、AI智慧课程、微课视频、多媒体课件、设计案例库等，便于教学使用。

本书适合纺织服装类、艺术设计类及其交叉学科的院校师生，以及相关从业人员、业余爱好者等阅读，也可供设计生产实践、小样机实验、手工织造等实践活动参考。

图书在版编目（CIP）数据

艺术经纬 ：面料设计与织造工艺 / 娄琳主编 .

北京 ：中国纺织出版社有限公司，2025. 6. --（"十四五"普通高等教育本科部委级规划教材）. -- ISBN 978 -7-5229-2646-9

Ⅰ . TS184

中国国家版本馆 CIP 数据核字第 20259PH602 号

YISHU JINGWEI MIANLIAO SHEJI YU ZHIZAO GONGYI

责任编辑：由笑颖 范雨昕 　特约编辑：刘夏颖

责任校对：高 涵 　　　　　责任印制：王艳丽

中国纺织出版社有限公司出版发行

地址：北京市朝阳区百子湾东里A407号楼 　邮政编码：100124

销售电话：010—67004422 　传真：010—87155801

http://www.c-textilep.com

中国纺织出版社天猫旗舰店

官方微博 http://weibo.com/2119887771

北京通天印刷有限责任公司印刷 　各地新华书店经销

2025年6月第1版第1次印刷

开本：787×1092 　1/16 　印张：14.75

字数：245千字 　定价：68.00元

序一

很高兴见证我们纺织服装和艺术教育界一部优秀教材的诞生。编者将多年持续深耕所获，倾力汇聚于《艺术经纬：面料设计与织造工艺》这部教材之中，艺工融通，理实致用，普适大众，特色鲜明。

该教材内容丰富全面，图文并茂，深入浅出，形式新颖，制作精美，以美化人。在字里行间和经纬之间体现艺术与技术的交融，将艺术创作、材料工艺有机结合，将民族文化传承、现代时尚创意、产业应用创新融于一体。

该教材的实践项目与理论内容一一对应，紧密结合。涵盖设计生产实践、小样机实验、手工织造等不同模式下的实践活动详细讲解和实操演示，便于师生教学活动的全流程落地开展。

该教材配套建设了数字教材、线上一流课程、知识图谱、AI智慧课程、微课视频、多媒体课件、设计案例库等丰富的教学资源，适合纺织服装类、艺术设计类、交叉学科类的院校师生，同时也适合相关从业人员和广大业余爱好者共同参考、体验、传习、创新。

期待这部教材为中国纺织服装文化和面料设计织造技艺的生生不息做出积极贡献。

中国纺织服装教育学会名誉会长
教育部高等学校纺织类专业教学指导委员会副主任
全国纺织服装职业教育教学指导委员会主任
2025 年 5 月

序二

面料设计与织造工艺，尤其是丝绸面料设计与织造工艺是一门很深、很难的学问，它是一项系统工程，既涉及历史、文化、艺术，又涉及科学、技术、工艺等方方面面。特别是丝织提花织物的装造部分（无论是传统工艺还是现代工艺）更为复杂，可以说让人"望而生畏"。教学中，当我讲述这部分内容的时候，不少学生就"晕头转向"，为此我感到十分忧虑。丝织面料设计人才短缺，面临失传危机。想到自己编著的一些丝织专业书籍，总感到偏于深奥，能真正深入学习和刻苦钻研的学生为数不多，令我困扰！

这次看到浙江理工大学娄琳教授主编的《艺术经纬：面料设计与织造工艺》一书，在不到25万字的范围内，却几乎涵盖了丝织专业书中的"材料学""组织学""织造学""机织实验"等内容，以及文化历史与现代科技等基本概念。可以说这是一本织物设计领域很好的科普教材，深入浅出，通俗易懂，并能将文化传承、时尚创意、产业应用等融于一体，其内容丰富、图文并茂，很适宜纺织服装设计、丝织工程和艺术类学生以及初学者学习应用。

娄琳教授是一位十分优秀的教师，既重理论又重实践，她不仅熟悉纺织服装知识，又钻研丝织工艺技术，对我也一直敬重有加，她每每读过我的一些专著，都能结合应用于教学中。无论是她指导"挑战杯"全国大学生课外学术科技作品竞赛，还是交流面料设计织造相关课程，或是带着学生来参观我的展览，抑或是探讨织锦作品的设计创作，都能感受到她虚心求教、勇于探索和创新的精神，更看出她对教育和丝绸事业深深的热爱和执着。

这次她邀我作序，我虽忙却不忍推辞。因《艺术经纬：面料设计与织造工艺》一书，从总体框架体系到内容和形式，确实较全面而简练、通俗而实用、新颖而别致，使读者接触到它就能饶有兴趣地去学习和领会面料设计的大致内涵和有关文化、艺术、科学方面的基本知识。

故这部书的问世，将为我国面料设计织造领域新生力量的培养发挥难能可贵的作用。以此为启迪，能引导学生更深入地钻研，相信将在祖国大地上交织出一批又一批"艺术经纬"之有用人才！

国家级丝绸专家

中国第一座丝绸博物馆创始人

首届全国茧丝绸行业"终身成就奖"获得者

人类非遗宋锦国家级传承人

2025年5月

前言

自古以来，面料与人类的生产生活休戚相关。面料的设计和织造技艺凝聚着人类的劳动与智慧，反映了各个时期、不同地域和民族的纺织服装文化和科学技术水平。通过本书学习并掌握面料设计与织造工艺，可以更好地传承和弘扬中华优秀传统文化，灵活运用现代科技与设计方法，在面料设计创新中充分体现艺术与科学的融合，使精彩纷呈的面料在提升穿着体验、塑造家居美学、装点时尚生活、推动技术创新等领域持续释放活力。

本书分为七章，以生动形象的方式使读者领略辉煌的织造技艺与历史文化，掌握面料的综合分析鉴别方法，体验高效的现代织造生产技术，驾驭面料设计方法和织造工艺，实践各种各样的创意技法，将文化传承、时尚创意、产业应用融于一体，配套多种数字资源。本书为编者多年教学实践经验的总结，编制过程中结合教学育人导向和行业发展趋势，不断提炼并修改完善，力求精益求精。

本书参编人员及分工如下：

第一章（第一、二、四节）　　　　　浙江理工大学　　娄琳

第一章（第三节）　　　　　　　　　浙江理工大学　　李加林、娄琳

第二章（第一、二、四节）　　　　　浙江理工大学　　娄琳

第二章（第三节）　　　　　　　　　泉州师范学院　　徐海燕、孙浪涛

第三章（第一节）　　　　　　　　　浙江理工大学　　娄琳、金曾可

第三章（第二节）　　　　　　　　　江南大学　　　　傅佳佳

第三章（第三、四节）　　　　　　　浙江理工大学　　娄琳

第三章（第五节）　　　　　　　　　北京服装学院　　张长欢

第四章　　　　　　　　　　　　　　浙江理工大学　　邝野

第五章、第六章　　　　　　　　　　浙江理工大学　　娄琳

第七章（第一节的缂织）	新疆大学	张俐敏、毛小娟
第七章（第一节的换经和编织）	浙江理工大学	娄琳
第七章（第一节的蕾丝织）	浙江理工大学	金曾可
第七章（第二节）	浙江理工大学	邝野
第七章（第三节）	东华大学	张坤
附录	浙江理工大学	娄琳

章节体系框架、实践项目与各章概要、练习与讨论以及统稿定稿等工作由娄琳完成。

本书在编制过程中，得到了国家级大师、非遗传承人、企业导师、实验室主任等的帮助与支持，包括李加林、钱小萍、李村灵、贺斌、苗雨痕、姚惠标、张奕、裴星海等，在此表示诚挚的感谢。同时，感谢前人在面料设计与织造领域做出的巨大贡献，使本书的编制有了较高的起点。还要感谢安徽信息工程学院周晨茜、金华技师学院章凯莉、复旦大学郑园园、嘉兴大学张娟、巴音郭楞职业技术学院娜仁，以及浙江理工大学的学生蒋令仪、胡凯琼、韩子博、薛涵予、周云鹏、薛泽亮、王爽、周霖、黄婉仪等在资料收集、操作演示、绘图、模拟、平台维护、面料织样、作品整理等方面所做的工作。此外，本书的编制得到了浙江理工大学教材建设项目资助，也得到了许多纺织服装和设计类院校以及业界专业人士的帮助和支持，在此一并表示衷心的感谢。

限于时间和作者的水平，书中难免存在不妥之处，敬请读者批评指正。

娄琳

2025 年 3 月

目录

第一章 面料设计与织造的过去、现在、未来 / 001

实践项目：传统织造技艺调研 / 001

第一节 织造简史 / 002

第二节 传统织造技艺非遗传承 / 007

一、黎族传统纺染织绣技艺 / 010

二、蜀锦织造技艺 / 011

三、宋锦织造技艺 / 013

四、云锦织造技艺 / 017

五、壮锦织造技艺 / 020

第三节 现代织锦技艺创新发展 / 023

一、现代织锦的概念与特征 / 023

二、现代织锦与传统织锦的区别 / 024

三、现代织锦的地位和意义 / 030

第四节 趋势展望 / 031

一、纺织科技创新 / 031

二、数智融创赋能 / 032

三、时尚消费趋势 / 032

四、绿色持续发展 / 032

五、织造装备进步 / 033

练习与讨论 / 035

第二章 **面料分析鉴别** / **037**

实践项目：市场调研与面料分析 / 037

第一节 **面料整体：取样及整体分析** / **038**

一、面料取样 / 038

二、面料质量概算 / 038

三、正反面判断 / 039

四、经纬向判断 / 041

五、经纬密度测定 / 043

六、经纬缩率测定 / 044

第二节 **经纬交织：交织规律分析** / **045**

一、织物组织概述 / 045

二、织物组织分析 / 049

三、色纱排列分析 / 051

第三节 **经纬原料：纱线规格分析** / **052**

一、纱线的线密度测算 / 052

二、纱线捻向捻度分析 / 054

三、纱线原料成分鉴定 / 054

第四节 **综合定位：面料归类分析** / **057**

一、按构成面料的原料分类 / 057

二、按加工方法分类 / 057

三、按织物组织分类 / 058

四、按面料用途分类 / 059

练习与讨论 / 061

第三章 **面料设计方法** / **063**

实践项目：确立面料设计方案 / 063

第一节 **构思：面料作品主题表达** / **064**

第二节 **选材：纱线材料类型及特征** / **067**

一、按原料组成分类 / 067

二、按纱线结构分类 / 070

三、按纺纱系统分类 / 073

四、按纺纱方法分类 / 073

五、按纱线用途分类 / 074

第三节 组织：织物组织类型及特征 / 075

一、三原组织 / 075

二、变化组织 / 081

三、联合组织 / 086

四、复杂组织 / 096

五、大提花组织 / 111

第四节 建构：织物组织设计方法 / 113

一、织物组织设计的要求 / 113

二、织物组织设计的方法 / 115

三、小花纹组织的排列 / 118

第五节 量化：工艺参数设计方法 / 119

一、原料选择 / 119

二、纱线规格 / 120

三、密度与紧度 / 122

四、幅宽与匹长 / 123

五、面料的缩率 / 123

六、筘号、每筘穿入数与筘幅 / 124

七、总经根数 / 124

八、布边设计 / 124

九、色纱排列与每花经纱根数 / 125

十、用纱量 / 126

练习与讨论 / 127

第四章 现代织造工艺 / 129

实践项目：现代织造工艺调研 / 129

第一节 络筒 / 130

一、络筒的作用 / 131

二、络筒工艺流程 / 132

三、络筒的要求 / 133

第二节 整经 / 134

一、整经的作用 / 134

二、整经方式 / 134

三、整经的要求 / 138

第三节 浆纱 / 138

一、浆纱的作用 / 139

二、浆纱工艺流程 / 140

三、浆纱的要求 / 141

第四节 穿结经 / 141

一、穿经 / 142

二、结经 / 144

第五节 并捻与定捻 / 144

一、并捻 / 144

二、定捻 / 145

第六节 卷纬 / 146

第七节 织造 / 147

练习与讨论 / 149

第五章 织造原理 / 151

实践项目：上机图设计 / 151

第一节 织造五大运动 / 152

第二节 织机五大机构 / 153

第三节 上机图 / 156

一、上机图的组成 / 156

二、上机图的画法 / 157

练习与讨论 / 163

第六章 **织造实践流程与方法** / **165**

实践项目：上机织造或手工织造 / 165

第一节 经纱准备 / 166

一、整经 / 166

二、穿综 / 168

三、穿筘 / 170

四、调匀经纱张力 / 171

第二节 纬纱准备 / 173

第三节 上机织造 / 174

第四节 手工织造 / 177

一、基于模型织机 / 177

二、基于框式织机 / 178

三、基于简易工具 / 179

练习与讨论 / 182

第七章 **创意织造** / **183**

实践项目：创意面料设计织造 / 183

第一节 技法创意 / 184

一、缂织 / 184

二、换经 / 188

三、蕾丝织 / 188

四、编织 / 190

第二节 三维创意 / 193

一、三维织造基本结构 / 193

二、三维织造技术 / 197

三、三维织造设计与应用案例 / 199

第三节 智能创意 / 202

一、概述 / 202

二、智能纺织品的定义 / 202

三、智能纺织品的分类与发展 / 203

练习与讨论 / 210

参考文献 / **211**

附录 **面料设计作品赏析** / **214**

一、实用面料设计案例 / 215

二、创意面料设计案例 / 219

第 一 章

面料设计与织造的过去、现在、未来

本章概要

　　世界各族人民用勤劳与智慧创造了纺织生产技术。我国的织造技艺有着悠久的历史和深厚的文化底蕴，涌现出无数瑰丽的产品，并沿着丝绸之路向世界广为传播。随着时代的发展，大量珍贵的技艺消失于历史长河，但部分精湛的织造技艺得以流传至今，成为非物质文化遗产，承载着独特而丰富的地域文化和民族精神。时代与科技的进步，不断推动面料设计织造的创新发展，用一经一纬牵动着国家发展与人民幸福。

实践项目：传统织造技艺调研

　　请选取一项传统织造技艺或一项非物质文化遗产代表性项目，开展参观、走访、调研或网络调研，了解其发展历史、工艺技术、艺术特色、生产销售现状、未来发展方向等，并形成一份图文并茂、要点分析到位的调研报告。

第一节　织造简史

笔记

世界各族人民在长期的劳动中创造了纺织生产技术。大约在公元前5000年，世界各文明发祥地的先民已懂得就地取材开始了纺织生产。北非尼罗河流域的居民利用亚麻进行纺织，我国黄河、长江流域的居民利用葛、麻进行纺织，南亚印度河流域的居民和中美、南美印加、玛雅人民利用棉花进行纺织，小亚细亚地区的居民则利用羊毛纺织。

纺织技术在历史上经历了两次重大的飞跃：一次是手工机械化，即手工纺织机器的全部形成；另一次是大工业化，即在完善的工作机构发明后开始的近代工厂体系的形成。

第一次飞跃约在公元前500年始于中国。中国纺织生产实现了手工业化，开发出整套纺织手工机器，创造出丰富的纺织品和服装。手工业化经历十多个世纪逐渐普及到世界各地。

第二次飞跃在18世纪下半叶发生在西欧，大工业化的过程历经100年左右普及到全世界。工业革命时出现的早期纺织机器，大都是以源于中国的手工机器为蓝本。20世纪下半叶，发达国家的纺织业开始衰退，发展中国家的纺织业则逐渐兴起。

如今的纺织业正在经历原料超真化、设备智能化、工艺集约化、产品功能化、营运信息化、环境优美化的飞跃发展，并与各行各业交叉融合，发挥着极为重要的作用。

我国纺织生产的发展历经公元前22世纪之前的原始手工纺织时期、公元前21世纪—公元1870年的手工机器纺织时期和1871年之后的动力机器纺织时期。

在原始手工纺织时期，织造技术由制作渔猎用编结品网罟和铺垫用编制品筐席演变而来。新石器时代早期的河姆渡文化遗址中，就有编织而成的芦席残片，其结构规整、均匀、紧密（图1-1-1）。最原始的织不用工具，而是"手经指挂"，完全徒手排好直的经纱，然后一根隔一根挑起经纱穿入横的纬纱。织物的长度和宽度都极为有限。在夏代以前，编织的方法与编席、编发辫一样，有平铺式（图1-1-2）和吊挂式（图1-1-3）两种。

人们在实践中逐步学会了使用工具。综版织造（图1-1-4）中的综版是方形、三角形或椭圆形的片状物，上有2个或4个孔，用来穿入经纱。综版旋转一定角度，使经纱形成开口，即可引入纬纱织布（图1-1-5）。但是，综版织造的织物幅宽狭小，主要用于织带。而综杆织造的织物幅宽相对较宽。

利用综杆进行织造时，在奇数和偶数经纱之间穿入分绞棒。在棒的上下两层经纱之间便形成一个可以穿入纬纱的"织口"。再用经纱上方另一根棒上的线将下层经纱一根根牵吊起来，并固定。这样，当上方的棒往上提起，就可以把下层经纱同时提到上层经纱的上方，形成一个新的"织口"，穿入另外一根纬纱，从而免去了逐根挑起经纱的麻烦。这根棒就称为综杆（木制）/综竿（竹制）（图1-1-6）。纬纱穿入织口后，还需要用木刀打紧定位。经纱的一端，有的缚在树上或柱子上，有的则绕在木板上，用双脚顶住。另一端连着织好的面料卷在木棒上，棒的两端绑在人的腰间，这就是原始腰机（图1-1-7）。

图1-1-1 河姆渡文化遗址出土文物上的席纹印痕

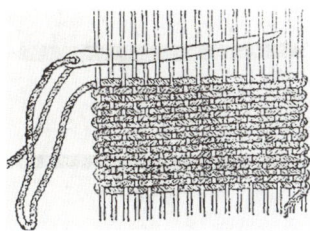

图1-1-2 平铺式编织

图1-1-3 吊挂式编织

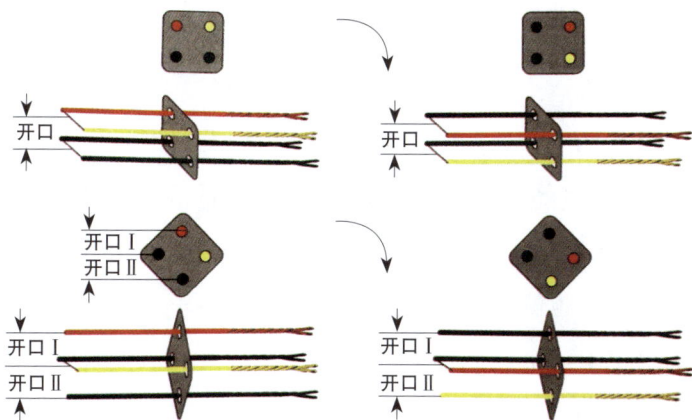

图1-1-4 综版织造

开口

开口Ⅰ
开口Ⅱ

开口Ⅰ
开口Ⅱ

图1-1-5 综版织造原理

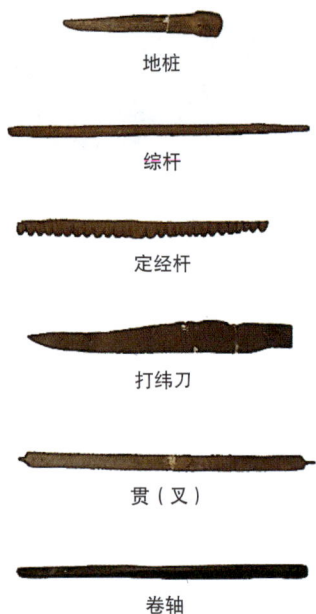

地桩

综杆

定经杆

打纬刀

贯（叉）

卷轴

图1-1-6 浙江河姆渡、田螺山遗址出土的原始腰机的部件

图1-1-7 黎族腰机

图1-1-8 刀杼

到了手工机器纺织时期，在原始腰机的基础上，增加了机架、综框、辘轳和踏板，形成了脚踏提综的斜织机。人们的双手被解放出来，用于引纬、打纬，从而促进了引纬和打纬工具的革新。

起初，纬纱绕在两端有凹口的木板上，这是纡子的雏形。随后，把纡子装在打纬木刀上，构成一体的"刀杼"（图1-1-8），打纬时伴随着引纬，大幅提高了引纬速度。继而，人们发现将刀杼抛掷穿过织口比递送过织口快得多，所以逐渐发明出纡子外面套上两头尖的木壳梭子。该过程大约发生在公元前2~公元1世纪。

刀杼改为梭子后，不能再兼顾打纬了，因此，定幅筘演变成打纬筘。定幅筘是在木框中密排梳齿，让经纱一根根在齿间穿过，以达到经纱在幅宽方向的定位，保证面料一定的幅宽。

为了织出花纹，需要增加综框的数目。2片综框只能织平纹类的组织，3~4片只能织斜纹类的组织，5片及以上才能织出缎纹组织。若要织出更为复杂的花纹，必须将经纱分成更多的组，因而多综多蹑花机逐渐形成。

西汉时期最复杂的织花机上综、蹑数多达120。由于蹑排列密集，为了方便，产生了"丁桥法"：每蹑上钉一竹钉，使邻近各蹑的竹钉位置错开，以便脚踏。

由于综框数量受到空间位置的限制，织花范围还不能很大，于是起源于战国至秦汉时期的束综提花获得推广。该方法不用综框，而是用线个别地牵吊经纱，然后按提经的需要另外用线串起来，拉线便牵吊起相应的一组经纱，形成一个织口。这样，经纱就可以分为几百组到上千组，由几百到千余条线来控制。这些线便构成"花本"，也就是开口的"程序"。这时，织工只管引纬打纬，另有一个挽花工坐在机顶按既定顺序依次拉线提经，花纹就可以织得很大。唐代以后，随着重型打纬机构的出现和多色大花的需要，纬纱显花的织法逐步占据优势。

艺术经纬：面料设计与织造工艺

多综多蹑与束综提花相结合，使面料花纹更加丰富多彩。

到了近代，纺织业进入大工业化时期。当时手工机器织造技术已达到很高的水平。织造高档精美产品，已采用大花本束综提花机，如云锦机（图1-1-9）；丁桥法多综多蹑机，又称丁桥织机（图1-1-10）；竹笼式综竿提花机，又称竹笼织机（图1-1-11）；绞综纱罗织机，如杭罗织机（图1-1-12）。

1801年，法国大花本束综拉花机采用打孔纹板和横针取代线编的花本，得到如图1-1-13所示的贾卡纹板提花机，1860年后加上动力驱动，成为现代纹板式提花机（图1-1-14）。丁桥法多综多蹑机上的多蹑丁桥后来被纹链和转子取代，加上动力驱动，就成为现代多臂式织机。

18世纪中叶，欧洲人发明了手拉滑块打梭，即"飞梭装置"（图1-1-15），后来又逐步演变成用踏盘（凸轮）发动木棒拉绳或直接用木棒套滑块打梭，脚踏蹑也改为用踏盘压蹑，再加上动力驱动，就成为产业革命后推广的"动力织机"。

绞综纱罗织机改换了绞综的材料，加上动力驱动，就成为现代纱罗织机。这些技术改造，首先由欧洲人完成。在中国普及的是手投梭脚踏开口狭幅木机，用于织造大宗面料。

19世纪80~90年代，我国不断引进、推广动力纺织机器，形成工厂体制，并在西方技术影响下不断革新手工纺织机器。

图1-1-9 云锦机

图1-1-10 丁桥织机

图1-1-11 竹笼织机

图1-1-12 杭罗织机

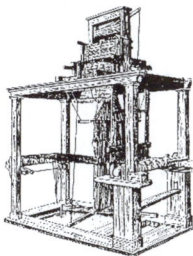

图1-1-13 早期贾卡纹板提花机

图1-1-14 纹板式提花机

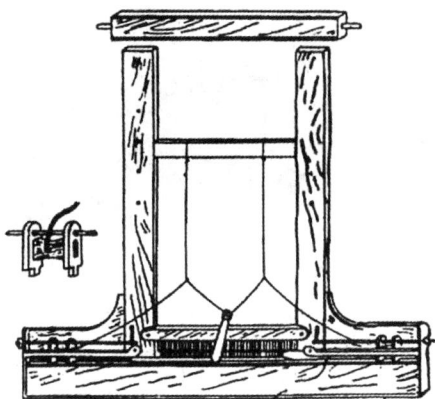

图1-1-15 飞梭装置

从织造工艺技术数千年的发展规律可以看出（图1-1-16），织纹信息存储器最早是水平排列的综竿或综框，之后发展成竖直的小花本，后来又变为水平环状的大花本，最后发展为环状的纹板链。开口的发动器在原始腰机上用手来提而没有蹑，手工织机上则由单蹑发展到双蹑再到多蹑，在采用组合提综法后，蹑又减少，到纹板提花机则不再用蹑。织造工艺技术悠久而蓬勃的发展历程，体现着人类文明的不断进步。

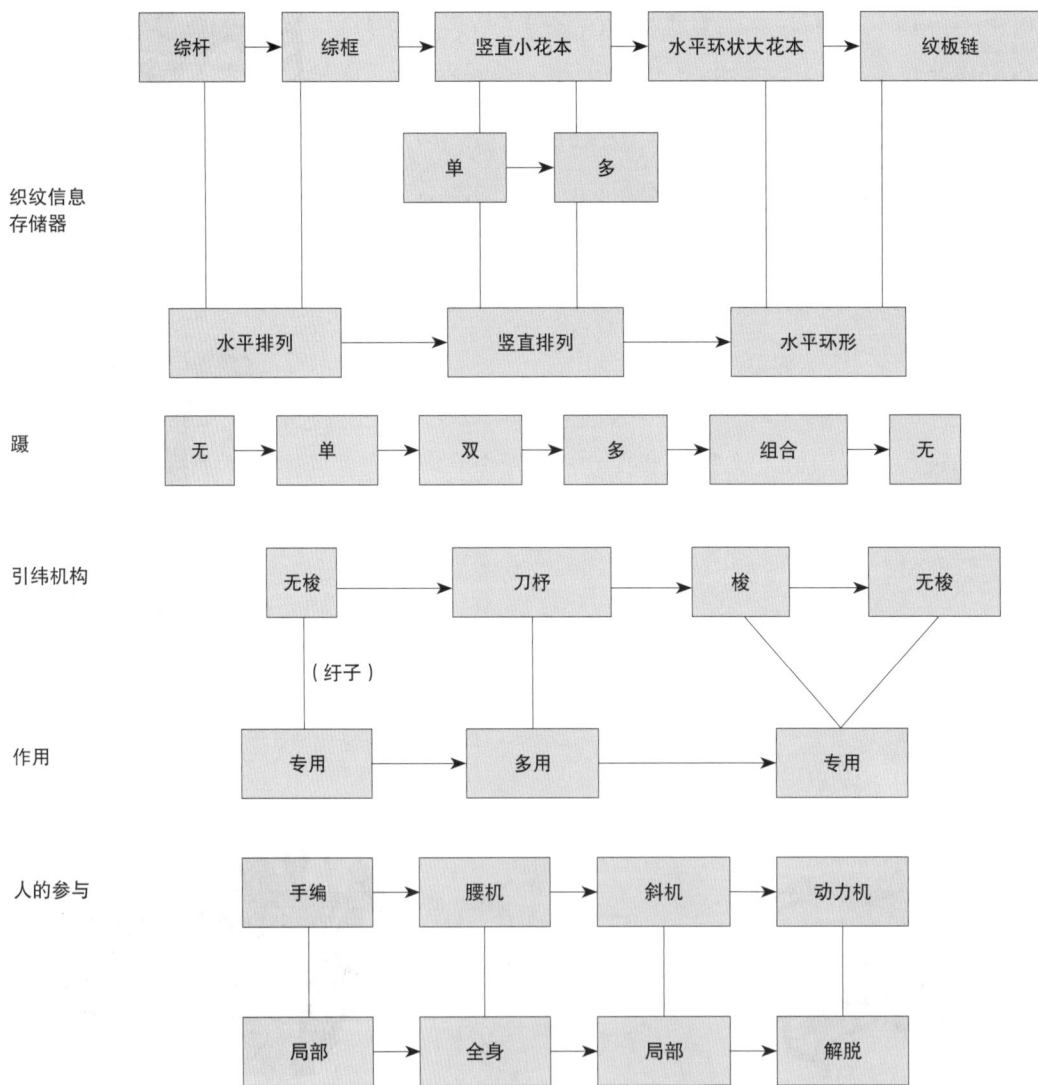

图1-1-16 织造工艺技术的发展

第二节 传统织造技艺非遗传承

中国作为纺织大国和纺织强国，向世界传播了璀璨的纺织文明，各种各样精湛的织造技艺不断萌生和发展，是各族劳动人民勤劳与智慧的结晶。有些织造技艺已然消失于历史长河，有些仅存于博物馆，有些得以保留至今。随着科技飞速发展和商业流行文化的繁荣，工业化大生产逐渐取代了大多数传统织造技艺，在提高生产速度和产量的同时，淡化了历史文化基因和不可复制的独特性。一方面，科技创新推动着历史的车轮滚滚向前；另一方面，优秀传统技艺是曾经在人类发展道路上开出的花朵，随着时间的洗礼，焕发着文化的底蕴和温度。

近两百年来，有关非物质文化遗产的观念、概念和范畴逐渐明晰，越来越多的国家开始重视非物质文化遗产的保护。联合国教科文组织1998年审议通过了《宣布人类口头和非物质遗产代表作案例》及2003年通过的《保护非物质文化遗产公约》，标志着人类确立了非物质文化遗产体系。

2009年，黎族传统纺染织绣技艺被联合国教科文组织列为急需保护的非遗，2024年转入人类非遗代表作名录。包括云锦、宋锦、缂丝、绫绢、杭罗、杭锦等在内的南京云锦木机妆花手工织造技艺、中国传统桑蚕丝织技艺入选人类非遗代表作名录。中国自2006—2024年建立了五批次十大门类共1557个国家级非物质文化遗产代表性项目。其中纺织类有两百多项，有关织造技艺的项目名录见表1-2-1。

我国文化和旅游部先后设立文化生态保护区，并于2011年、2014年、2024年公布了三批共199个国家级非物质文化遗产生产性保护示范基地，其中涉及织造技艺的包括云锦、土家族织锦、侗锦、壮族织锦、蜀锦、地毯、鲁锦、黎族传统纺染织绣、传统棉纺织、加牙藏族织毯、藏族邦典与卡垫项目的11个基地。相关的保护与传承工作还在不断开展，同时也需要社会各界的共同参与。

码1-2-1
黎族传统纺染织绣技艺

码1-2-2
蜀锦织造技艺

码1-2-3
宋锦织造技艺

码1-2-4
云锦织造技艺

码1-2-5
壮锦织造技艺

笔记

表1-2-1　有关织造技艺的国家级非物质文化遗产代表性项目

序号	项目序号/编号	项目及扩展项目名称	批次	地区
1	363/Ⅷ-13	南京云锦木机妆花手工织造技艺	第一批、第三批	江苏
2	364/Ⅷ-14	宋锦织造技艺	第一批	江苏
3	365/Ⅷ-15	苏州缂丝织造技艺	第一批	江苏
4	366/Ⅷ-16	蜀锦织造技艺	第一批	四川
5	367/Ⅷ-17	乌泥泾手工棉纺织技艺	第一批	上海
6	368/Ⅷ-18	土家族织锦技艺	第一批	湖南
7	369/Ⅷ-19	黎族传统纺染织绣技艺	第一批	海南
8	370/Ⅷ-20	壮族织锦技艺	第一批	广西
9	371/Ⅷ-21	藏族邦典、卡垫织造技艺	第一批	西藏
10	372/Ⅷ-22	加牙藏族织毯技艺	第一批	青海
11	882/Ⅷ-99	蚕丝织造技艺		
		余杭清水丝绵制作技艺	第二批	浙江
		杭罗织造技艺	第二批	浙江
		双林绫绢织造技艺	第二批	浙江
		杭州织锦技艺	第三批	浙江
		辑里湖丝手工制作技艺	第三批	浙江
		潞绸织造技艺	第四批	山西
12	883/Ⅷ-100	传统棉纺织技艺		
		传统棉纺织技艺	第二批	河北、新疆
		南通色织土布技艺	第三批	江苏
		余姚土布制作技艺	第三批	浙江
		维吾尔族帕拉孜纺织技艺	第三批	新疆
		威县土布纺织技艺	第四批	河北
		傈僳族火草织布技艺	第四批	四川
		惠畅土布制作技艺	第五批	山西
		枣阳粗布制作技艺	第五批	湖北

序号	项目序号/编号	项目及扩展项目名称		批次	地区
13	884/Ⅷ-101	毛纺织及擀制技艺	彝族毛纺织及擀制技艺	第二批	四川
			藏族牛羊毛编织技艺	第二批	四川
			东乡族擀毡技艺	第二批	甘肃
			维吾尔族花毡制作技艺	第三批	新疆
			泽帖尔编制技艺	第五批	西藏
14	885/Ⅷ-102	夏布织造技艺		第二批	江西、重庆
15	886/Ⅷ-103	鲁锦织造技艺		第二批	山东
16	887/Ⅷ-104	侗锦织造技艺		第二批	湖南
17	888/Ⅷ-105	苗族织锦技艺		第二、第三批	贵州
18	889/Ⅷ-106	傣族织锦技艺		第二批	云南
19	892/Ⅷ-109	新疆维吾尔族艾德莱斯绸织染技艺		第二批	新疆
20	893/Ⅷ-110	地毯织造技艺	北京宫毯织造技艺	第二批	北京
			阿拉善地毯织造技艺	第二批	内蒙古
			维吾尔族地毯织造技艺	第二批	新疆
			阆中丝毯织造技艺	第四批	四川
			天水丝毯织造技艺	第四批	甘肃
			如皋丝毯织造技艺	第五批	江苏
			宁夏手工毯织造技艺	第五批	宁夏
21	1163/Ⅷ-106	藏族编织、挑花刺绣工艺		第三批	四川
22	1491/Ⅷ-245	缂丝织造技艺	定州缂丝织造技艺	第五批	河北
23	1493/Ⅷ-247	彩带编织技艺	畲族彩带编织技艺	第五批	浙江
24	1494/Ⅷ-248	丝绸染织技艺	周村丝绸染织技艺	第五批	山东
25	1495/Ⅷ-249	佤族织锦技艺		第五批	云南

　　丰富多彩的织造技艺各美其美，美美与共，共同推动了人类文明的发展和繁荣。以下介绍其中几个特色鲜明的品种。

图1-2-1 黄道婆雕像

图1-2-2 黎族织锦

图1-2-3 黎族妇女用古老的
腰机织出精美华丽的黎锦

一、黎族传统纺染织绣技艺

黎族的纺染织绣技艺历史悠久，特点鲜明。早在商周时期，海南岛先民已能织造棉布。秦汉时期，黎族棉纺织业已形成一定规模。唐宋时期，海南棉纺织技术日益精湛，特别是纺织工具的革新使棉布质量大幅提高。元代时，海南岛的纺织业欣欣向荣，先进的纺织工艺为黎族五彩斑斓的服被制作提供了技术支持。海南岛的纺织品深受江、淮、川等地人民喜爱。来自上海松江的黄道婆（图1-2-1）在海南学习掌握了黎族妇女精湛的纺织技术，并回到家乡传授给了当地百姓，推广至全国，大幅提高了全国棉纺织水平。

黎族织锦（图1-2-2）的图案丰富多彩，用色讲究，寓意深刻，民族特色浓厚。主要有人物、动物、植物、花卉、生活用具、几何图案等纹样，以人物、动物、植物图案为主。织造黎锦的机杼主要有脚踏织机和腰机（图1-2-3）两种。

不同图案、色彩和风格的黎锦曾是区分不同血缘关系部落群体的重要标志，根据居住的地域、生活环境、生活习俗及语言等的差异，黎族又分为哈、杞、美孚、润、赛五大支系（方言区）。各方言区生活环境和相对独立的氏族特性，使织造黎锦的工艺各不相同，种类丰富，产品既有经线起花，也有纬线起花，通过巧妙的回纬工艺、挖花工艺、绀染（扎染）经纱（图1-2-4）等工艺形成花纹，技艺独特精湛，一代又一代妇女言传身教，使之留传至今。

黎锦可用于筒裙、衣袍、包布、头巾、花带、黎单、龙被（图1-2-5）、壁挂（图1-2-6）等。其中龙被是黎锦中的珍品，它集纺织、印染、刺绣、织造等多种技艺于一体，制作精巧，色彩鲜艳，图案典雅，款式多样，在黎锦中技艺突出、文化艺术价值极高，为海南地区历代进贡的珍品。龙被又称大被，史书上称为崖州被。龙

图1-2-4　黎族美孚方言区的扎染经纱黎锦

图1-2-5　明代麒麟送子八仙过海图龙被

被织绣因黎族方言和居住地区的不同而产生不同的艺术风格和特色。早期的龙被图案多以人形纹、祖宗纹和蛇纹为主，民族、地方特色浓郁。晚期的龙被深受汉族文化影响，在黎族特有图案元素上以汉族龙纹等纹样为主体，是黎族文化和汉族文化相融合的产物。龙被的构图通常以对称为特征，严谨且气势宏大，多数以深蓝、黑、红、白色为地，配有红、黄、绿、紫、褐、赭红等颜色的花纹，画面图案绚丽，立体感很强。

图1-2-6　黎族大型织锦壁挂

二、蜀锦织造技艺

蜀锦是蜀地的提花丝织物，是中国丝绸的三大名锦之一、巴蜀丝绸文化的代表，始于春秋战国时期，兴于汉，盛于唐，至今已有2800多年的历史。蜀锦织机（图1-2-7）属于束综提花机，又称花楼机。蜀锦技艺

图1-2-7　蜀锦织机

图1-2-8 战国对龙对凤朱色
彩条纹几何经锦

图1-2-9 汉晋"五星出东方
利中国"锦护膊及其织锦复原

图1-2-10 红地花鸟纹锦

精湛、图案生动、色彩艳丽、组织独特、质地精致细腻，凝聚着巴蜀人民几千年的劳动智慧和文化精髓，是中华文化的瑰宝。杜甫在《春夜喜雨》一诗中就提及当年繁花似锦、盛产蜀锦的锦官城，曰："晓看红湿处，花重锦官城。"

蜀锦的种类包括多彩经线显花、多彩纬线显花、经纬线同时显花、经缎地起纬浮花等品种。

1. 多彩经线显花的蜀锦

以经二重或多重经平纹为基本组织，彩色经线按花纹要求交替显花，如对龙对凤彩条经锦（图1-2-8）、水禽波纹锦、几何纹绒圈锦、"长乐明光"锦、"五星出东方利中国"锦（图1-2-9）等。

2. 多彩纬线显花的蜀锦

采用多色纬线、多把梭子按花纹顺序交替显花，突破了经线显花中花样大小及配色的限制，组织结构也从平纹、斜纹过渡到缎纹，相应的生产器具、工艺及技术也有很大提高，如花鸟纹锦（图1-2-10）、赤狮凤纹蜀江锦、鸟兽联珠纹锦、联珠对雁锦（图1-2-11）等。

3. 经纬线同时显花的蜀锦

经典的品种有龟背地折枝花锦（图1-2-12）、八答晕锦（图1-2-13）、凤穿牡丹锦、红地万年青织金锦、双狮雪花球路锦、如意天花锦、云龙团花锦、龟子龙纹锦、穿花凤二龙戏珠球路锦、龙纹格子锦等。

图1-2-11 联珠对雁锦

图1-2-12 龟背地折枝花锦

图1-2-13 八答晕锦

4.经缎地起纬浮花蜀锦

典型品种为"晚清三绝"月华锦（图1-2-14）、雨丝锦（图1-2-15）和方方锦（图1-2-16）。其主要特征是在经向呈不同深浅彩条，或经向色条由细到粗再到细排列呈晕裥效果，以及经纬向形成方格花纹图案。

蜀锦在几千年历史发展进程中，受地域环境、历史文化、风俗习惯等因素的影响，逐步形成自己的风格。"吉祥寓意"是蜀地民族的传统思维，因此蜀锦传统纹样包含精巧的构思和含蓄的寓意，体现了"图必有意，意必吉祥"。

蜀锦的色彩受道教"五行"学说影响，以赤、黄、青、白、黑为蜀锦的五方正色（图1-2-17），以橙、黄、紫为间色，以红灰、青灰、黄灰为复色，其余为补色。古蜀人崇拜太阳的红色，因此蜀地人民喜欢绮丽、鲜艳的色彩。蜀锦的配色少则两色，多则二十色，色调浑厚，对比强烈，古朴而庄重，使画面层次丰富，主次分明，富有神秘浪漫色彩，具有鲜明的地方色彩和民族风格。

三、宋锦织造技艺

宋锦起源于春秋，形成于宋代，辉煌于明清，是中国丝绸的三大名锦之一，也是人类非物质文化遗产的代表。宋锦织机（图1-2-18）也属于花楼织机。

宋锦以其独特的组织结构、精湛的"活色"工艺、典型的图案色彩、古朴高雅的艺术魅力，在国内外享有盛誉。同时，宋锦质地细腻、轻薄平挺，所以不但能用于书画的装帧、装裱，还可用于服装、家纺等领域。宋锦较汉锦和唐锦在组织结构和艺术风格上都有很大的突破和创新。

在织物结构上，宋锦改变了汉代经锦仅以经线显花和唐代纬锦仅以纬线显花的局限性，采用了经纬线联合显花的组织结构，使织物表面色彩和组织层次更为细腻和丰富。

在丝线材料上，宋锦采用了一组较为纤细的经线（接

图1-2-14 月华锦被面

图1-2-15 雨丝锦

图1-2-16 "寿""囍"方方锦

图1-2-17 五方正色

图1-2-18 宋锦织机

图1-2-19　彩织曲水地鱼藻纹锦

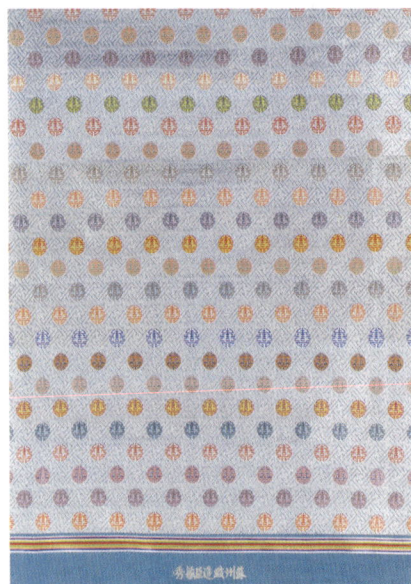

图1-2-20　豆青地万寿织金锦

结经或面经）来接结织物正反两面长浮的纬线，使织物花纹更为清晰、丰满、肥亮，质地又较经锦和纬锦轻薄，更适于用作服饰和书画的装裱、装帧，这是厚重的汉锦、唐锦以及云锦所不及的。

在制作工艺上，主要应用了彩抛换色的独特工艺，传统称"活色"技艺，如图1-2-19、图1-2-20所示的纹样颜色随横条而变化，即在不增加纬线重数和织物厚度的情况下，使织物表面色彩多变而丰富，甚至可以做到整匹锦的花纹色彩均不相同。这一工艺特征后来不但被云锦吸收和发扬，且保留并应用到当代的织锦工艺上。

在图案风格上，它以变化几何图案为骨架，如四答晕、六答晕、八答晕、龟背等（图1-2-21～图1-2-24），内填自然花卉、吉祥如意纹等，配以和谐的地色，略加对比色彩的主花，艳而不俗，古朴高雅。既有唐宋以来的传统风格特色，又与元、明时期流行的光彩夺目的织金锦、妆花缎等品种有着明显的区别，更符合贵族和士大夫阶层崇尚优雅秀美的艺术品位。

在织物用途上，宋锦质地轻薄、精细，风格古朴典雅，用途广泛，不但适宜制作服饰品

图1-2-21　四答晕锦

图1-2-22　六答晕锦

图1-2-23　八答晕锦

（图1-2-25、图1-2-26）及屏风、靠垫、坐垫等装饰品，而且广泛用于书画、挂轴、锦匣的装帧（图1-2-27）。

根据宋锦的结构变化、工艺精细程度、用料、厚薄及使用性能等方面的不同，分为大锦（重锦、细锦）、匣锦和小锦，它们各有不同的风格和用途。

1.重锦

重锦是宋锦中最名贵的品种，常以精练染色的蚕丝和捻金线或片金为纬线，在三枚经斜纹的地上起各色纬花。金线一般用以装饰主花或花纹的包边线，并采用多股丝线合股的长抛梭、短抛梭和局部特抛梭在花纹的主

图1-2-24　宝莲龟背纹锦

图1-2-25　蓝色地福寿三多龟背锦

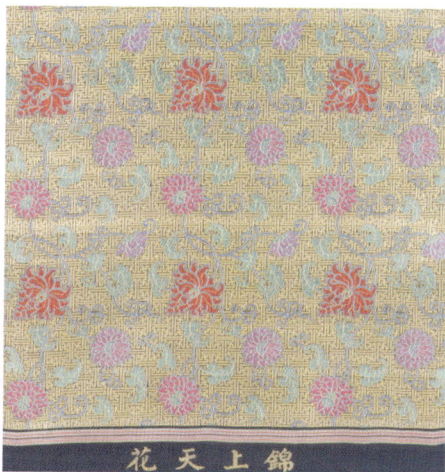

图1-2-26　青地"卍"字串枝勾莲织金锦

图1-2-27　八角回龙锦、环藤莲花锦、春燕纹菊锦

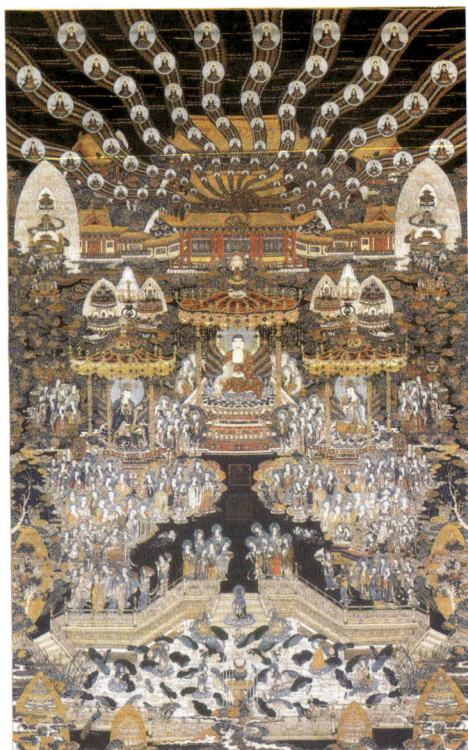

图1-2-28　彩织"西方极乐世界图轴"

图1-2-29　花卉盘绦锦

图1-2-30　菱格四合如意锦

要部位作点缀。重锦质地厚重、精致，花色层次丰富、造型多变、绚丽多彩，如宝莲龟背纹锦（图1-2-24），其产品可作为宫廷、殿堂、室内的各类陈设品，如各类挂轴（图1-2-28）、壁毯、卷轴、靠垫等。

2.细锦

细锦是宋锦中最基本、最常见、最有代表性的一种。细锦的风格、织物组织和工艺与重锦大致相近，但所用的丝线较细，长抛梭重数较少，底经与面经的配置比例和组织多有变化，并常以短抛梭织主体花，以长抛梭织几何纹及花的枝、叶、茎和花纹的包边线等。以其中一组或两组短抛梭来变换色彩，不增加其厚度。细锦相对易于生产，厚薄适中，广泛用于服饰、高档书画及贵重礼品的装饰、装帧等。其图案一般以几何纹为骨架，内填以花卉、八宝、八仙、八吉祥、瑞草等纹样，典型品种有花卉盘绦锦（图1-2-29）、菱格四合如意锦（图1-2-30）等。

3.匣锦

匣锦是宋锦中变化出来的一种中档产品，它采用桑蚕丝、棉纱和真丝色绒（不加捻或加少量捻的精练染色蚕丝）交织的工艺。花纹图案大多为满地几何纹或自然型小花，以对称、横条排列为主，色彩对比强烈，风格粗犷别致（图1-2-31）。织造时多采用一两把长抛梭织地纹和花纹，再加一把短抛梭点缀。一般用作书画、锦匣、屏条等的装裱。

4. 小锦

小锦是宋锦中派生出来的中低档产品，因与宋锦一样作装裱之用，且与宋锦在同一工厂中生产，因此也归入广义的宋锦大类。小锦多数为平素或单层小提花织物，采用彩色精练蚕丝作经线，生丝作纬线，以色彩配置和花纹的不同，形成风格各异的织物，如彩条锦、月华锦（图1-2-32）、"卍"字锦、水浪锦等。小锦质地轻薄，成品需用传统的石元宝进行砑光整理，适用于装裱精巧的小型工艺品锦匣。

宋锦的纹样大多以满地规则几何纹为特色，造型繁复多变，构图纤巧秀美，色彩古朴典雅，与唐锦讲究雍容华贵形成了明显的对比。明清时宋锦的纹样以追摹宋代织锦的艺术格调为特色，但由于宋锦的品种类别不同，其使用功能各有侧重，因此纹样形式和题材各具特点。

四、云锦织造技艺

云锦织造技艺延续中国皇家织造的传统，是中国织锦技艺的高水平代表。它将"通经断纬"等技术运用在构造复杂的大型织机（图1-2-33）上，由上下两人手工操作，用蚕丝线、黄金线和孔雀羽线等材料织出龙袍等华贵织物。云锦织造技艺有着完整的体系，是人类非凡创造力的见证。如今，因灿若云霞而得名的南京

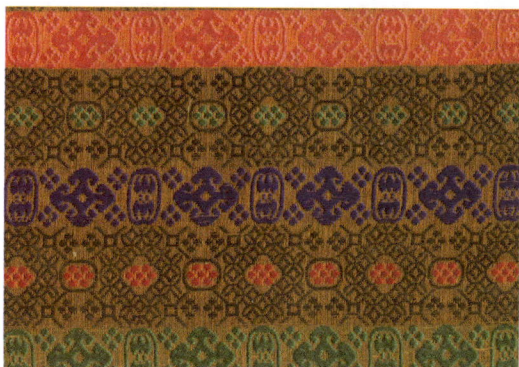

图1-2-31 匣锦

图1-2-32 月华锦

图1-2-33 云锦织机

图1-2-34　云锦面料

图1-2-35　江宁织造府

图1-2-36　地花两色库缎

云锦（图1-2-34），依然作为中国传统织造技艺的经典代表，用于高端织物的织造，为民众所喜爱。

云锦的起源可追溯到公元3世纪的东吴。在两宋时期得到了前所未有的恢复与发展。东晋晚期，在建康（今南京）设置了"锦署"，将汉魏以来集中于长安的百工迁至建康，其中的织锦工匠和当地织锦艺人成为南京云锦织造的先驱者。到了元朝，金丝银线织入云锦。明朝开国之初定都南京，促使云锦织造从规模到工艺都得到空前提升。尤其是妆花的出现，是明代南京丝织创新水平的代表。清代云锦业的发展也与宫廷官营织造密不可分。执掌江宁织造（图1-2-35）的曹家把南京云锦织造推向了辉煌的顶点。但清朝末年到民国，云锦一直在走向衰落。中华人民共和国成立后，百业待兴，情况得到改善。

在悠久的发展过程中，云锦形成许多品种，包括库缎、库金、库锦、妆花四大类。

1.库缎

库缎又名花缎或摹本缎，原是清代御用贡品，因织成后输入内务府的"缎匹库"而得名。包括起本色花库缎、地花两色库缎（图1-2-36）、妆金库缎、金银点库缎和妆彩库缎几种。

2.库金

库金又名织金，与库缎不同的是，织料上的花纹全部用金线织出（图1-2-37）。也有花纹全部用银线织成，称为库银。库金、库银属同一个品种，分类上统称库金。

3. 库锦

库锦是多彩纬提花织物，原料采用精练熟丝染色后织造而成（图1-2-38）。民间作坊中习惯的名称有二色金库锦、彩花库锦、抹梭妆花、抹梭金宝地、芙蓉妆等。

4. 妆花

妆花是云锦中织造工艺最复杂的品种，也是最具南京地方特色和代表性的提花丝织品种。妆花，始见于明代的《天水冰山录》，如妆花缎（图1-2-39、图1-2-40）、妆花绸、妆花罗、妆花纱、妆花细、妆花绢、妆花锦等，用色多，色彩变化丰富。在织造方法上，用各种绕有不同颜色的彩绒纬管（纤管），对花纹做局部盘织妆彩，配色极为自由，没有任何限制。图案的主体花纹通常由两个或三个层次的色彩来表现，部分花纹则用单色表现。一件妆花织物，花纹的配色可多达十几乃至二三十种颜色。用色虽多，但繁而不乱，统一和谐，生动优美。

云锦在千百年的发展过程中融入并提升了中国传统的皇室文化、大众文化和民族文化，其图案丰富多彩、夹金夹银、花型硕大、造型优美、设色浓艳、配色自如。但有很多优秀的工艺和产品在时代和社会风尚的变迁中，因生产工艺复杂、工料成本太高、脱离时代需要、远离普通民众生活实际而发展停滞或被淘汰。不可否认的是，云锦的极工极巧、不惜工本，把中国彩织锦缎的配色和织

图1-2-37　库金

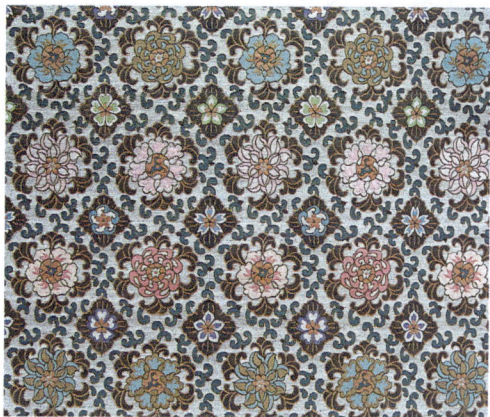

图1-2-38　库锦

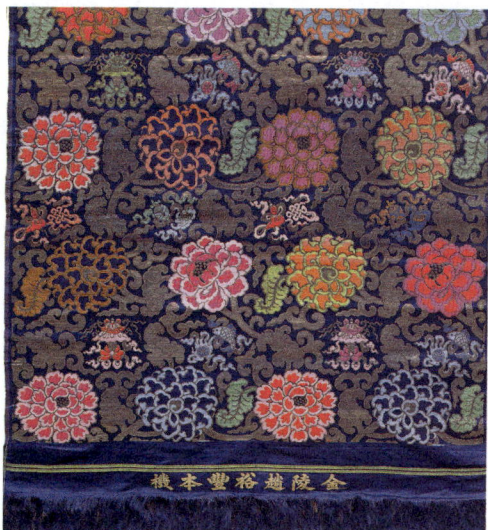

图1-2-39　四则八吉牡丹莲妆花缎

造技术发展到了一个新的水平。

图1-2-40 民国时期正源兴生产的妆花缎

图1-2-41 壮锦壁挂

图1-2-42 菊花壮锦

五、壮锦织造技艺

壮锦是壮族古老传统的手工纺织工艺品，以素色棉线为经，五彩丝线为纬，采用通经回纬的方法编织而成（图1-2-41）。在漫长的历史进程中，承载和凝聚了壮族妇女的千年智慧与审美。壮族织锦的织功灵巧精湛，图案精美别致，色彩艳丽不俗，富有浓郁的地方民族特色，是我国众多少数民族织锦中的一个典型代表，负有盛名。

早在汉代，已有壮族地区用五色麻线织成色泽斑斓、质地厚实的"斑布"。唐宋时代，壮锦在宫廷中便有"佳丽厚重，诚南方之上服也"的美誉。到了明代万历年间，织有龙凤花纹图案的壮锦已成为进奉朝廷的贡品，并跃居全国著名织品之列。

壮锦来自壮族民间，从构思到完成，凭编织者心灵手巧、自行设计、即兴发挥。设计理念及灵感源自本民族社会经济、文化生活、图腾崇拜及对大自然的热爱和对美好生活的憧憬，例如常见的花、鸟、鱼、虫、兽、草、树木等以及熟悉的人和事，以虚实相间的艺术手法，设计成一幅幅精美生动的图案。传统的纹样主要有云纹、水纹、菊花、莲花、梅花、桂花、团龙飞凤、凤穿牡丹、鲤鱼跃龙门等（图1-2-42~图1-2-45）。传统壮锦花纹曲直结合、粗中有细、刚中有柔。其色彩运用以少见多，质朴中见丰富，素雅中见多彩，对比鲜明、强烈。

壮锦主要有以下三种构图方法。

①平纹上织二方连续（图1-2-46）和四方连续几何纹，组成连绵的几何图案，朴素而明快。

②以各种几何纹为底，其上饰动植物图案，如图1-2-47所示，形成多层次的复合图形，图案清晰而有浮雕感。

③用多种几何纹大小结合，方圆穿插，形成繁密而富有韵律的复合几何图案，严谨和谐，常见的有云纹、雷纹、水波纹、编织纹、回形纹、羽状纹、方格纹、弦纹、八角纹、圆圈纹等组合纹样（图1-2-48、图1-2-49）。

壮锦"蟒龙花"在民间流传了几百年，明代被指定

图1-2-43 蝴蝶穿花壮锦

图1-2-44 龙凤壮锦

图1-2-45 五彩花壮锦

图1-2-46 二方连续图案的壮锦

图1-2-47 动物纹壮锦"万象更新"

图1-2-48 壮锦"蟒龙花"大壁挂

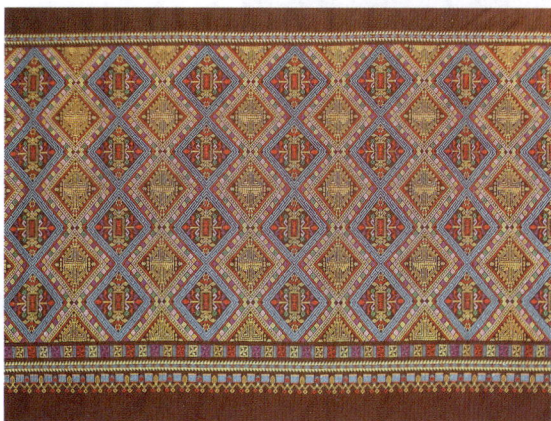

图1-2-49 宾阳万寿花壮锦

为贡品。图案由棋格纹内嵌大小不同的八边形，犹如蟒皮斑驳的鳞片。八边形内配以五彩凤纹、云纹和雷纹，结构严谨，色彩艳丽。

壮锦品种多，用途广，包括床毯、被面、台布、壁挂、茶几垫、箱包、挂包、头巾、围巾、背扇、腰带、服装边饰等（图1-2-50）。

壮锦织造工艺一般用斜纹、平纹组织构成小提花锦，或在平纹地组织上用彩纬挑花构成整幅大型花纹。织造时，因花纹色彩繁多，需要分色断纬手工挑织，灵活多变，但生产效率较低。

如今，壮锦织造工艺有了较大发展和进步，由原始手工操作（图1-2-51、图1-2-52）逐步向半机械化生产过渡。在厚度方面，经过改良的壮锦更加紧密、精细，用途更广泛。在图案设计上，还结合各种现代装饰元素，既适于现代家居与服装服饰，又富有时代气息。

除上述几种之外，还有大量特色鲜明的织造技艺非物质文化遗产。非遗是人类的"活态灵魂"，是民族传统文化的珍贵记忆，承载着独特而丰富的地域文化和民族精神。在面料设计织造的探索与实践中，吸取织造技艺历史文化精华，传承中华优秀纺织文化的同时，应紧密结合当代时尚和发展方向开展灵活多样的产品设计创新，创造出既有实用价值，又有艺术价值，且富有生命力的面料作品，使非遗焕发新的生机与活力。

图1-2-50　各式各样的壮锦　　图1-2-51　宾阳竹笼织机　　图1-2-52　靖西壮锦织机

第三节　现代织锦技艺创新发展

前面介绍了织造技艺的历史发展及现存的具有代表性的非物质文化遗产织造技艺，领略到我国古代高度发展的纺织文明和精湛的织造技艺，同时了解了开展非遗保护、传承、创新工作的责任和意义，以及在新的时代条件下弘扬民族文化，用实际行动推动中华优秀传统文化实现创造性转化、创新性发展的重要意义。

"创新是一个民族进步的灵魂。"织造技艺也需要不断创新，才能适应不断发展的社会和经济需要，避免成为历史、销声匿迹或仅存于博物馆中。时代发展至今，织造技艺应如何继续创新发展呢？

本节内容介绍现代织锦的概念与特征，现代织锦与传统织锦的区别，以及现代织锦的地位和意义。

一、现代织锦的概念与特征

现代织锦通常是指采用现代数字化技术，突破现有的传统织锦所受到的织物组织、丝线色彩及织造装造等方面的局限，以有限的几种原色丝线，经过并置组织结构进行多重复合交织混色，以产生数以千计的色彩变化，表现千变万化的图案风格的一类织锦（图1-3-1），又称为数码织锦。

现代织锦最显著的特征体现在以下两方面。

一方面，在丝织领域中首创了"五色交织"的基本色彩表现模式（图1-3-2）。现代织锦仅需要使用红、黄、蓝三原色的丝线与具备明度调节的黑、白两色丝线进行交织，理论上就可以产生4500种颜色变化，从而突破传统织锦对图案色彩的局限，获得图案色彩几乎不受限制的照片级全显像高仿真的色彩效果。

另一方面，在传统织锦的织造基础上实现了全数字化的技术。现代织锦从设计到织造的全过程都采用数字

码1-3-1
现代织锦技艺创新发展

笔记

图1-3-1　现代织锦作品

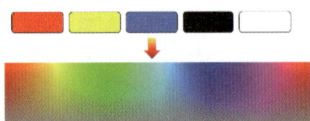
图1-3-2 "五色交织"的
基本色彩表现模式

图1-3-3 全过程数字化技术

图1-3-4 传统织锦的原料
染色需求量大

图1-3-5 传统织锦的图案
色彩受到制约

化技术（图1-3-3），包括计算机辅助设计系统、电子提花机、数字化的无梭织机等。

二、现代织锦与传统织锦的区别

（一）艺术表现

1.原料颜色

相比传统织锦，现代织锦具有更强的艺术表现力。在原料颜色方面（表1-3-1），人类千百年来普遍遵循"丝线颜色与织锦图案颜色相对应"的原则，或经纬交织的色彩与图案色彩相对应的原则。因此，要织什么颜色的图案，就需要提前染好对应颜色的丝线，想要使织锦色彩越丰富，需要储备的各种纱线就越多（图1-3-4）。

表1-3-1 现代织锦与传统织锦的原料颜色区别

区别	传统织锦	现代织锦
原料颜色	丝线颜色与面料图案颜色直接相关	固定而有限的几种原色丝线即可表现出丰富的面料颜色

而采用现代织锦的表现模式，无论图案颜色如何变化，都只需要使用固定而有限的几种原色丝线，例如红、黄、蓝、黑、白5种，即可逼真地再现多彩而复杂的图案，从而缩短生产周期，提高生产效率，降低生产成本。

2.图案色彩

在图案色彩方面（表1-3-2），传统织锦图案一般受到面料厚度、人工识别分色能力等因素制约（图1-3-5），色彩数量通常在几十种以内，并且需要考虑到与织物组织、质地、技法等方面的配合，以便在有限的原料色彩中获得尽可能多的面料色彩，这在较大程度上限制了图案创新和发挥，也对设计人员提出了较高的要求。

表1-3-2　现代织锦与传统织锦的图案色彩区别

区别	传统织锦	现代织锦
图案色彩	有限，数以十计	不限，数以千计

但是在现代织锦中，各种色相、明度、纯度均可以表现（图1-3-6），图案色彩几乎不受限制，极其丰富。

3.图案造型与构成

对于图案造型与构成（表1-3-3），传统织锦一般要求造型完整并且严谨，描绘细腻，轮廓清晰；布局合理匀称、疏密有致、穿插自然。否则，将不利于后续的工艺设计和生产织造的顺利进行。

但在现代织锦中，对图案造型与构成则没有如此严苛的要求，照片、书画、唐卡等都可以作为织锦图案（图1-3-7～图1-3-9），而对点和线的表现力则更为精细，这与传统织锦具有明显区别，也解放了图案设计人员的想象力和创造力。

表1-3-3　现代织锦与传统织锦的图案造型与
构成区别

区别	传统织锦	现代织锦
图案造型与构成	有特定而严苛的要求	不限

（二）工艺特点

1.组织结构

在组织结构方面（表1-3-4），传统织锦遵循"意匠色彩与组织结构相对应"的原则，每一种色彩对应一个特定的组织结构（图1-3-10），该组织结构一般为重经或重纬组织，存在表组织、里组织之间上下遮盖的关系（图1-3-11）。

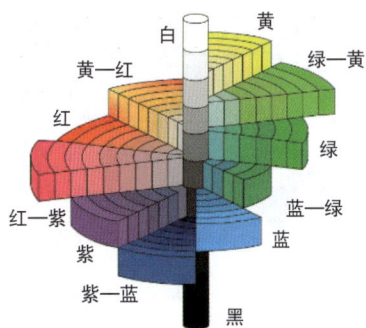

图1-3-6　现代织锦的图案色彩极其丰富

图1-3-7　照片题材现代织锦

图1-3-8　绘画题材现代织锦

图1-3-9　唐卡题材现代织锦

图 1-3-10 传统织锦意匠色彩与
组织结构相对应

图 1-3-11 存在上下遮盖关系的
重组织

图 1-3-12 现代织锦色阶组织
结构体系

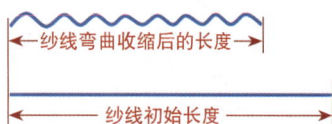

图 1-3-13 纱线弯曲引起的织缩

表 1-3-4 现代织锦与传统织锦的组织结构区别

区别	传统织锦	现代织锦
组织结构	与意匠色彩一一对应；多为重经或重纬组织，表组织遮盖里组织	分色合成原理；并置组织结构，共同显色、混色；多层次色阶组织结构体系

而在现代织锦中，则采用分色合成的原理。利用有限的几种色彩作为经纬纱线，通过构建多层次色阶组织结构的体系（图 1-3-12），按所需选取相应显色比例的各色色阶组织进行并置，使不同色彩的丝线共同显色，经过空间混合，以合成色彩呈现出来。因此，通过并置不同显色比例的色阶组织，改变各种颜色浮现于面料表面的相对数量，即可产生成千上万的颜色，极大地丰富了彩色织锦的色彩层次和表现效果。

2. 丝线粗细与密度

在丝线粗细与密度方面（表 1-3-5），传统织锦品种繁多，其丝线粗细与密度各有千秋。

表 1-3-5 现代织锦与传统织锦的丝线粗细与密度区别

区别	传统织锦	现代织锦
丝线粗细与密度	品种丰富，粗细与密度各有千秋	极为细密

现代织锦技术可适用于各种原料。特别是采用精细的长丝，可达到良好的效果。例如，采用细度为 46.6dtex 的桑蚕丝长丝；经密 115 根/cm 以上，纬密 200 根/cm 以上；每平方厘米交织点达到 2.3 万个以上，可以获得理想的视觉效果。

3. 经向织缩率

表 1-3-6 为现代织锦与传统织锦的经向织缩率区别。机织面料的经纱需要在织机上长时间连续工作和不断升降运动。经纬交织过程中伴随纱线弯曲会引起织缩（图 1-3-13）。由于现代织机一个经轴上

的各种经纱总长度相同，批量送经的速度也一致，如果各种经纱的织缩率差异较大，就会引起部分经纱张力过紧或断经，另一部分经纱由于松弛而开口不清，织造无法顺利进行。

表1-3-6　现代织锦与传统织锦的经向织缩率区别

区别	传统织锦	现代织锦
经向织缩率	组织搭配合理、图案布局匀称，才能保持各根经纱织缩率基本一致	可基本一致

在传统织锦图案各个部位搭配组织结构时，必须考虑各种组织结构之间的织缩率是否相同或接近；同时，也要求织锦图案布局均匀，疏密有致，以尽量减少织造面料各个部位的织缩率差距，这给设计人员提出了较高的要求（图1-3-14）。

现代织锦技术中的组织结构体系严谨，不同组织结构之间过渡自然，各种部位根据显色需要而采用多种色阶组织结构进行并置，增加了不同组织结构织缩率的随机布局，使各部位组织结构的按需调用与搭配不会引起织缩率的明显差距，对图案和工艺的要求得以降低，提高了品种适应性（图1-3-15），减少了设计人员的负担，保证了生产织造的顺利进行，也提升了面料均匀度和品质。

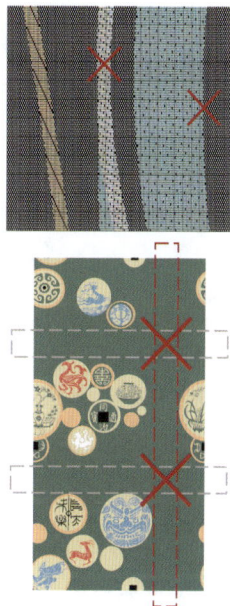

图1-3-14　传统织锦对组织结构搭配和图案布局的要求较高

图1-3-15　现代织锦的品种适应性广

4.面料厚度

表1-3-7为现代织锦与传统织锦的面料厚度区别。在传统织锦中每增加一种图案颜色，就需要增加一种颜色的丝线，多色丝线之间将根据显色需要形成上下遮盖的关系，因此颜色数量的增加势必导致面料厚度的增加（图1-3-16）。

虽然传统抛道、换梭的方法可以沿着经向增加颜色而不增加厚度，但无法在纬向同时配置较多的颜色。所以，传统织锦一般颜色数量有限，颜色过多的话会导致面料太厚而难以在服装服饰等领域中使用，同时也会增加工艺难度和成本。

图1-3-16　颜色数量的增加导致传统织锦厚度的增加

表1-3-7　现代织锦与传统织锦的面料厚度区别

区别	传统织锦	现代织锦
面料厚度	一般图案色彩越多，面料越厚	纱线消耗不随图案色彩数量增加而增加，厚度适中、稳定，用途广泛

现代织锦采用的是创新的"五色交织"色彩表现模式，所需纱线颜色不随图案色彩数量的增加而增加。因此，即便是复杂多彩的图案，现代织锦的厚度也能保持不变，适用的场合非常广泛。

（三）设备技术

1.开口机构

在设备的开口机构方面（表1-3-8），现代织锦采用电子提花机取代了传统的需要吊挂实体纹板的机械式提花龙头或者更早期的需要人工配合开口的机械装置，用计算机控制提花机开口，便捷高效，修改或转变品种也十分方便快捷。

表1-3-8　现代织锦与传统织锦的开口机构区别

区别	传统织锦	现代织锦
开口机构	机械或手工	电子提花机

电子提花机允许较多的纹针数量，可以提高独幅图案的面料幅宽及精细度。

2.引纬机构

现代织锦一般采用数字化无梭织机进行织造，相比传统的有梭织机，无梭引纬速度更快，并且避免了卷纬、换纤等工序，生产效率大幅提高，调整工艺参数也十分便捷（表1-3-9）。

表1-3-9　现代织锦与传统织锦的引纬机构区别

区别	传统织锦	现代织锦
引纬机构	有梭织机织造	无梭织机织造

由于纬纱只需几种固定不变的颜色，因此也避免了传统工艺中的抛道、换梭、多梭箱、添置辅助设备等烦琐工艺，简化了生产环节。

3.设计手段

在设计手段方面（表1-3-10），现代织锦在设计过程中一般采用计算机辅助的数字化设计系统进行意匠设计，生成电子纹板，高效快捷，取代了耗时耗力的人工或半人工意匠设计和实体纹板打孔制作。

表1-3-10　现代织锦与传统织锦的设计手段区别

区别	传统织锦	现代织锦
设计手段	人工或半人工	全面数字化

由于全面采用了计算机技术，现代织锦的设计、加工以及生产管理实现了数字化，高效而精细。

（四）销售模式

现代织锦与传统织锦的销售模式区别见表1-3-11。传统织锦产品设计开发和生产周期较长，通常先由设计人员开发，再批量生产制作，最终进入市场。这种模式容易产生供需双方的不平衡，也容易产生资源的浪费。现代织锦工艺的数字化设计能实现生产的快速响应，使高端个性化定制成为可能，实现了以客户为中心、按需定制的模式，产品内容、题材、形式、尺幅、材料、用途极为丰富，除了常用的服装服饰、家居装饰用品外，还包括独花织锦旗袍、高端礼服、肖像、书画、纪念照、唐卡、大型壁画等既蕴含着民族传统特色，又具有时尚文化创意的各种工艺品。

表1-3-11　现代织锦与传统织锦的销售模式区别

区别	传统织锦	现代织锦
销售模式	周期长，或先备货再销售	可满足快速响应的多品种个性化定制

三、现代织锦的地位和意义

现代织锦继承了我国传统织锦的精华，并采用独特的数字化设计工艺和当代电子提花技术，是迄今为止色彩丰富、质地精细、艺术表现力强的工艺技术方法，使全球织锦行业的工艺水平实现了历史性的跨越，也使我国优秀传统织锦艺术融入新时代并以新的姿态走向世界。

现代织锦技艺诞生后，先后获得了国家技术发明二等奖、中国纺织科技进步一等奖。现代织锦的一系列作品（图1-3-17）先后获得"大世界基尼斯之最"、中国工艺美

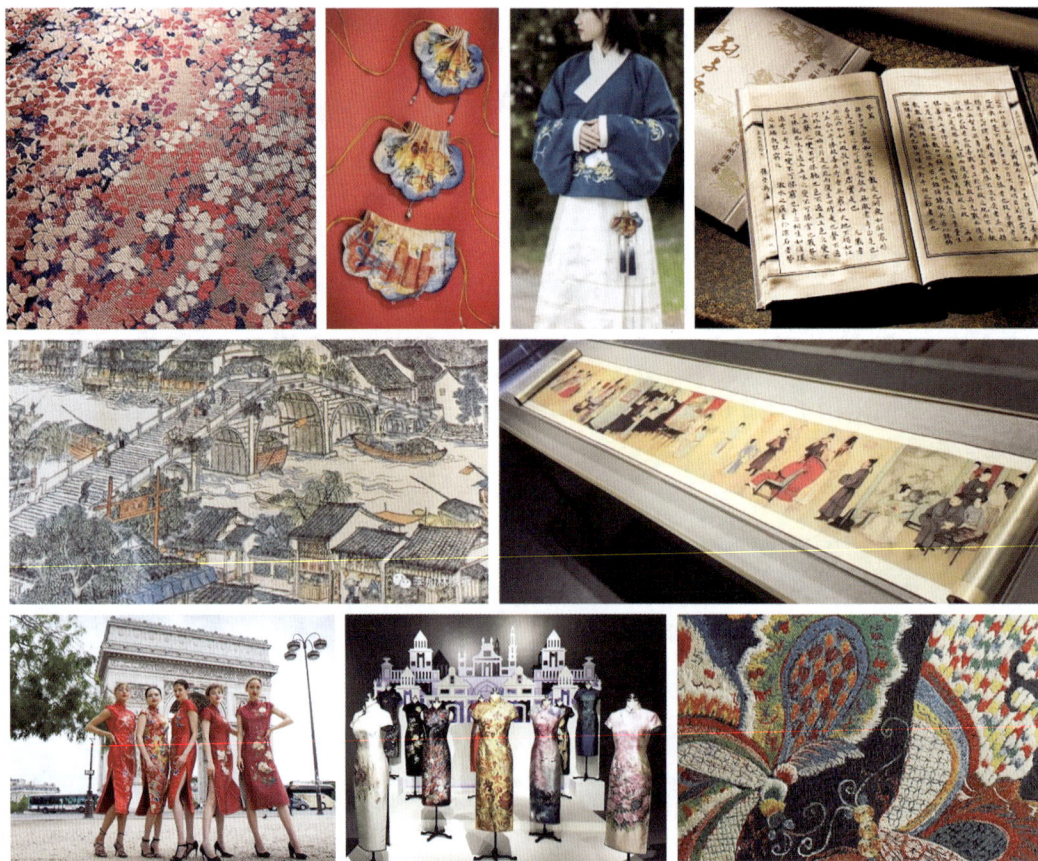

图1-3-17　现代织锦作品

术最高奖"百花奖"，多件作品先后被故宫博物院、中国国家博物馆收藏，多件作品被选为"国礼"馈赠外国元首，为传承和弘扬中华优秀传统文化做出了积极的贡献。

织造技艺伴随着人类走过了几千年，随着社会的发展和科技的进步，每一次技术革新都见证了人类文明的进步。现代织锦也成为人类织造技艺发展史上的一个里程碑，把技术和艺术融合推进到一个新的高度。

第四节　趋势展望

回望历史长河，织造技艺展现出了独特的发展脉络，一些具有代表性的非物质文化遗产织造技艺流传至今，让人们不禁惊叹于我国古代高度发达的纺织文明和精湛的织造技艺。

在新的时代条件下，织造技艺正延续着历史的辉煌，并融合纺织行业的科技进步与全球各行业同频发展。材料和装备是产业链创新的源头和先导，信息技术、制造技术、材料技术、环保技术等相互交融，成为行业变革的重要动力，促进织造技艺实现价值提升和高质量发展。

一、纺织科技创新

1.引领全链创新的纤维材料

基因工程、高分子合成改性技术、纳米技术等诸多先进技术的综合应用，使材料来源和性能正在发生改变。以高性能、多功能、轻量化、绿色化为特征的纤维新材料为产品价值提升提供重要路径。进一步丰富差别化、多功能纤维及产品结构，拓展其应用领域。例如高仿真、高保形、舒适易护理、阻燃、抗静电防紫外线、抗（抑）菌、相变储能、光致变色等功能性及复合功能化学纤维。加快生物基化学纤维和可降解纤维材料的发展、废旧纤维纺织品清洁再生与高值化利用。

2.推动产业升级的先进装备

科技创新正在改变全球产业发展的"生产体系"。数字技术、能源技术与纺织技术、装备制造技术的协同演进与融合，推动生产方式的智能化、绿色化转型。重点发展纺织绿色生产装备，包括生物基纤维、可降解纤维、再生纤维等绿色纤维生产装备；发展纺织智能加工装备，包括数字化高速无梭织机、全自动穿经机、立体织造成型装备等纺织短流程和自动化装备，纺织专用机器人，纺织智能监测系统等；开发高性能纤维及高技术纺织品加工装备，保障重大工程实施，满足国家战略需求。

3.优化产业结构的高技术纺织品

科技创新正在改变全球产业发展的"产品体系"，推动纺织产品结构进一步优化调整。高技术纺织品成为产业高端化、前沿化发展的重要载体。拓展高技术纺织品在医疗健康、海洋工程、高效过滤、安全防护等领域的高端化应用。发展环境友好型产品，提高天然纤维、再生纤维素纤维、木浆、聚乳酸、低（无）挥发性有机物含量胶黏剂的应用比例，推广可降解一次性卫生用品和可重复使用产品。加大智能纺织品开发推广，实现纤维基柔性传感织物的工业化生产，提升柔性传感材料可靠性，开发能量采集与储存、数据传输与信息交互技术；开发推广体育运动、医疗健康、安全防护用智能可穿戴产品；拓展智能纺织品在土工、建筑、过滤等领域的应用。

二、数智融创赋能

数字经济是以数字技术为基础、以信息资源为核心、以数据驱动为手段的经济形态，对全球经济结构产生深刻影响，推动商业新场景、新业态和新模式不断涌现。人工智能的快速兴起给全球传统产业带来了前所未有的新挑战和新机遇。把握新一轮科技革命和产业变革的战略新机遇，有利于推进世界纺织产业升级和转型，提高经济增长质量和效益，其主要应用领域包括研发设计的创造驱动、生产制造的提质增效、运营管理的优化决策、市场营销的价值倍增和智能产品的美好体验等。

三、时尚消费趋势

在产业经济转型、生产方式变革与生活方式变迁的共同影响下，在技术进步与融合、文化解码与创新、绿色发展与改革的推动下，未来的全球时尚产业，将朝着更加"智性""柔性""感性""善性"的方向迈进，展现未来时尚产业链的协同共生与智慧再造、时尚文化的传承创新与跨界融合，以及绿色时尚传递的共性价值体验。

四、绿色持续发展

绿色发展是顺应自然、促进人与自然和谐共生的发展，是用最少环境资源代价取得最大经济社会效益的发展，是高质量、可持续的发展，绿色发展已成为各国共识。面对全球气候变暖加剧、生物多样性衰减加速、生态环境恶化严重、能源资源短缺凸显等一系列问题，推动工业绿色变革，意义重大、影响深远。作为世界工业的重要组成部分，纺织产业实现绿色发展，要着力推进全链条低碳化、资源利用循环化、生产制造绿色化、绿色服务专业化发展。

五、织造装备进步

织造装备继续朝着高速、高效、智能、节能、模块化应用的方向发展，并在提高智能化控制、产品适应性和降低成本方面更加贴近市场需求。并以生产管理系统的方式实现设备的远程监控、工艺参数管理、生产任务调度、设备的维保管理，以及远程登录维护等功能。

1.产品开发驱动下，专用装备发展迅速

纺织产品的开发、工艺技术的创新一直与纺织装备的发展息息相关。以往织造装备多以生产量大面广的服装用面料为主，随着产品开发的品种更加丰富、应用领域更加广泛，专用织机及其配套装备发展迅速，如专为牛仔布织造而设计开发的剑杆织机、专门用于床单面料织造的喷气织机、毛巾剑杆织机或喷气织机等，织造装备的实用性发展趋势越来越明显。

2.稳定可靠基础上，装备更加高速高效

生产速度和效率是衡量织造装备高水平发展的重要指标和发展方向。目前，喷气织机的最高演示速度已超2000r/min，入纬率可达2000～2400m/min；剑杆织机的最高演示车速已达到850r/min，入纬率超过2200m/min。剑杆或喷气织机的最大幅宽可达5.5m，毛巾剑杆织机的最大幅宽可达3.8m。单个电子提花机的最大针数已经超3万针，无通丝电子提花机的速度达900r/min。高速电子多臂装置和积极式凸轮式开口装置工艺车速进一步提高，高速化、高效率生产发展趋势明显。在提速的同时，更注重高速基础上的稳定性、品种适用性和运行可靠性。

3.更加注重绿色可持续发展

纺织品生产过程中的节能降耗及提高资源利用率成为衡量设备技术创新发展水平的指标之一，织造装备发展更加契合行业"可持续性与循环性"的主流方向。一方面，对设备结构与性能进行优化，使织机的耗电量、耗气量等进一步降低，达到节能降耗的目的；另一方面，自动按需触发设备机构的运行，例如络筒机的单锭吸风系统只在打结和换管循环时按需吸风，可节省30%的用电；预湿浆纱机在提高浆纱速度和上浆质量的同时还可减少浆料用量、降低上浆成本；剑杆织机的废边节省技术可显著减少原材料浪费；结构优化后的织机对回收再生材料的加工适应性加强等，这些已成为织造装备节能降耗、可持续发展的重要特征。

4.智能化控制与管理特点突出

织造准备和机织的装备正普遍采用控制系统和监测系统，快速进行在线数据的采集、监测和设定，进而进行工艺参数的实时调整和设备故障的远程诊断，包括整经张力自调、调浆质量在线检测、浆纱张力自调匀整、高效自动穿结经、纱架自动装纱与智能喂纱、经纱上机张力自调补偿、坯布疵点机上自检测等技术。在生产管理方面，构建数字化、智能化织造车间成为纺织行业实现智能转型的重要途径之一，新一代互联网、物联网、大数据、云计算等技术在织造车间建设中的应用，推动织造生产全过程的动态感知、智能计算、优化控制与实时信息服务，在此基础上，实现织造生产过程的智能运营管理，包括数据的采集与分析、工艺的集成与执行、设备的监控与管理、生产计划的调度与优化等智能执行管理。"数字化、网络化、智能化"制造成为织造装备发展的新趋势。

5.传统织造装备在产业用领域的应用逐步扩展

产业用纺织品在性能、用途、附加值等方面具有较大优势。在品种适应性较广的剑杆织机原有机型的基础上，通过相关机构和装置的个性化设计，结合相应的织造工艺，形成了适应产业用纺织品织造的剑杆织机。在喷气织机领域也不断探索对于宽幅产业用织物的适用性。

近年来，纤维材料、织造装备、生产技术、产品创新、设计开发以及在各个领域的应用取得了长足进步，并将进一步结合前沿科技，与各行各业交叉融合，更趋智能化、时尚化、绿色化高质量可持续发展。

练习与讨论

单选题

1. 被联合国教科文组织列入急需保护的非物质文化遗产保护名录的是哪项技艺? 被誉为中国织锦技艺的高水平代表,并将"通经断纬"等核心技术运用在构造复杂的大型织机上的又是哪项技艺?(　　)
   A.南京云锦织造技艺　　　　　　　　B.蜀锦织造技艺
   C.杭州织锦技艺　　　　　　　　　　D.黎族传统纺染织绣技艺
   E.苏州缂丝织造技艺　　　　　　　　F.宋锦织造技艺
   G.壮族织锦技艺　　　　　　　　　　H.双林绫绢织造技艺

2. 黎族传统纺染织绣技艺中采用的织机属于哪一类?(　　)
   A.综版织机　　　　　　　　　　　　B.腰机
   C.斜织机　　　　　　　　　　　　　D.多综多蹑花机

3. 云锦中织造工艺最复杂、最具南京地方特色和代表性的提花丝织品种是(　　)。
   A.库金　　　　　　　　　　　　　　B.库缎
   C.妆花　　　　　　　　　　　　　　D.库锦

多选题

1. 纺织技术在历史上经历了哪几次重大的飞跃?(　　)
   A.手工机械化　　　　　　　　　　　B.智能化
   C.全球化　　　　　　　　　　　　　D.大工业化

2. 中国古代三大名锦包括(　　)。
   A.南京云锦织造技艺　　　　　　　　B.蜀锦织造技艺
   C.杭州织锦技艺　　　　　　　　　　D.杭罗织造技艺
   E.苏州缂丝织造技艺　　　　　　　　F.宋锦织造技艺
   G.壮族织锦技艺　　　　　　　　　　H.新疆维吾尔族织染技艺

3. 宋锦的种类可包括(　　)。
   A.重锦　　　　　　　　　　　　　　B.小锦
   C.细锦　　　　　　　　　　　　　　D.匣锦

判断题

在织机发展史上,多综多蹑织机比综杆织机出现得早。(　　)

讨论题

1. 请谈谈织造技艺及其产品在丝绸之路或人类历史上做出了哪些贡献？对当今的国计民生有哪些贡献？未来的发展方向如何？

2. 各类织造技艺之间存在哪些联系与区别？

3. 你最喜欢的是哪类织造技艺？从中得到哪些启发？

4. 如何更好地保护非物质文化遗产？如何传承与弘扬中华优秀传统文化？

5. 现代织造设备与传统织造设备或工具相比有哪些区别和创新？

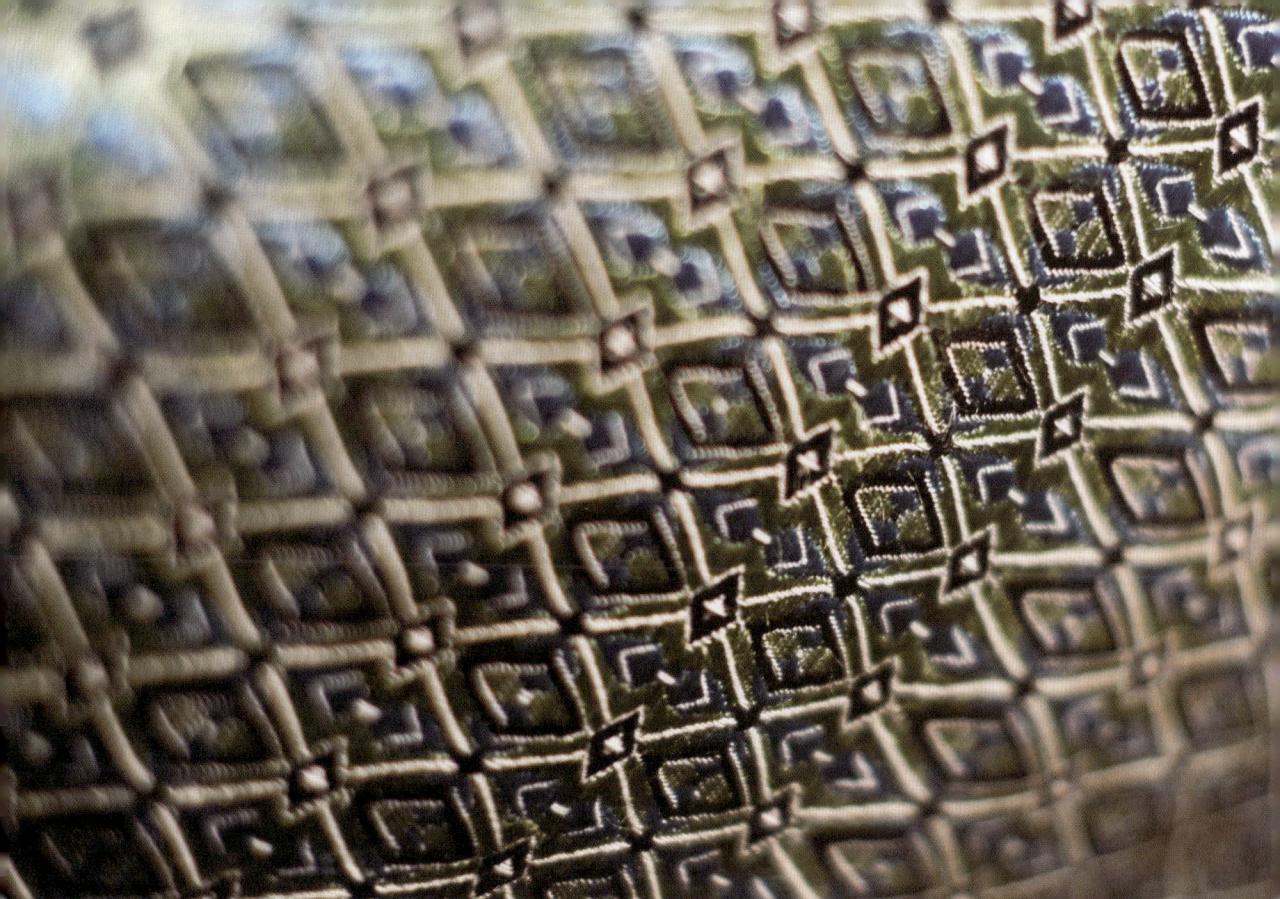

第二章

面料分析鉴别

本章概要

面料品种繁多，外观千变万化，采用的纤维原料、纱线规格、组织结构、色纱排列、织造条件、后整理方法等各不相同。开展面料设计创新或产品定制时，需明确面料品种和具体规格，对面料进行细致全面的分析鉴别。本章以机织面料为例，帮助大家了解并掌握面料分析鉴别的基本方法与步骤。

实践项目：市场调研与面料分析

调研面料市场（线下或线上）、设计流行趋势，了解各类面料，至少收集10块不同种类的面料。选取其中一块具有代表性的面料样品，按本章所述分析鉴别方法与步骤，分析其整体规格、交织规律、纱线规格，并列出具体分析结果。进一步对收集到的每块面料分别进行综合归类分析。

第一节　面料整体：取样及整体分析

一、面料取样

在对面料进行分析鉴别的时候，首先需要合理选取该面料上的一部分作为样品。分析结果的准确程度与取样的位置、样品面积大小有关，因而对取样的方法有一定的要求。

对于取样的位置，为了保证分析结果和测得的数据具有准确性和代表性，从整匹面料中取样时，一般避开两边和首尾两端的部位，样品到布边的距离不小于5cm，样品离首尾两端的距离在棉布上不小于1.5～3m，在羊毛面料上不小于3m，在丝绸面料上不小于3.5～5m。此外，样品不能带有明显的疵点。由于面料易受到外界影响而产生变化，取样和分析时应使之处于原有的自然状态。

对于取样的面积大小，应随面料种类、组织结构而异。此外，由于面料分析是一项消耗性的试验，应本着节约的原则，在保证分析结果正确的前提下，尽量减小试样的大小。

简单组织的面料试样（图2-1-1）可以取小一些，一般为15cm×15cm；组织循环较大的面料（图2-1-2），可以取20cm×20cm；色纱循环较大的面料（图2-1-3），最少应取一个色纱循环所占面积；对于大提花面料（图2-1-4），经纬纱循环数很大，一般分析具有代表性的组织结构，如果不需要或没有条件剪取一整个花纹循环以上的大小，也可取20cm×20cm或25cm×25cm。有时候能够获取的面料尺寸很有限，达不到上述尺寸范围，则取样大小在5cm×5cm以上也可进行分析。

图2-1-1　简单组织的面料

图2-1-2　组织循环较大的面料

图2-1-3　色纱循环较大的面料

二、面料质量概算

面料单位面积质量是指每平方米面料在公定回潮率下的质量，也称为平方米克重。它是面料的一项重要技术指标，也是对面料进行成本核算的主要指标。

面料往往会吸收环境中的湿气，使其质量增重。回潮率是指按规定方法测定的纺织材料中任何形态水的质量占被测材料干燥质量的百分率。公定回潮率是指纺织材料回潮率的约定值。每种纺织材料的公定回潮率不同，例如，棉纤维的公定回潮率为8.5%，棉织物为8.0%，聚酯纤维为0.4%，聚丙烯纤维为0等。

图2-1-4 大提花面料

根据样品的大小及具体情况，测算面料单位面积质量的方法可分称量法和计算法。

1.称量法

用称量法测定面料质量时，样品大小一般取10cm×10cm（图2-1-5），或者剪取包含大型完全组织整数倍的矩形试样并计算其面积，也可以用整块面料。面积越大，测得结果的误差就越小。在称量之前，将面料放在标准大气中调湿，再用扭力天平或分析天平等工具（图2-1-6、图2-1-7）测定其质量克数。或者放在干燥箱内干燥，直至质量恒定，再称量面料的干燥质量克数，再结合公定回潮率计算得到面料平均每平方米的质量。

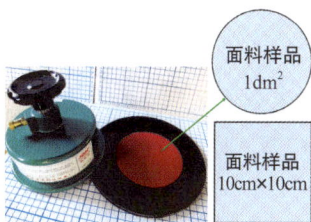

图2-1-5 称量法取面料样品

2.计算法

在遇到样品面积很小，用称量法不够准确时，也可根据经纬纱的线密度、经纬纱排列密度以及经纬纱缩率，通过单位面积中所有经纱、纬纱质量的总和，计算单位面积质量。

图2-1-6 扭力天平

三、正反面判断

面料的正反面一般根据其外观效应加以判断。以下列举一些常用的判断方法，可供参考。

（1）正面的花纹、色泽一般比反面清晰美观（图2-1-8、图2-1-9）。

（2）具有条格外观的面料和配色模纹面料，其正面花纹应清晰悦目（图2-1-10、图2-1-11）。

（3）凸条及凹凸面料的正面紧密细腻，呈条状或

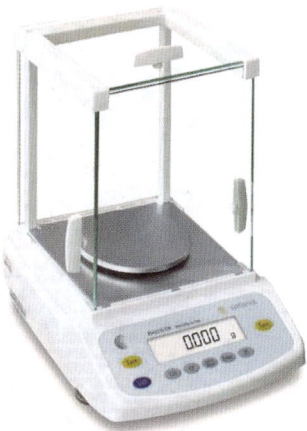

图2-1-7 分析天平

（a）正面 　　　　　　　　　　　（b）反面

图2-1-8　印花面料的正反面

（a）正面 　　　　　　　　　　　（b）反面

图2-1-9　提花面料的正反面

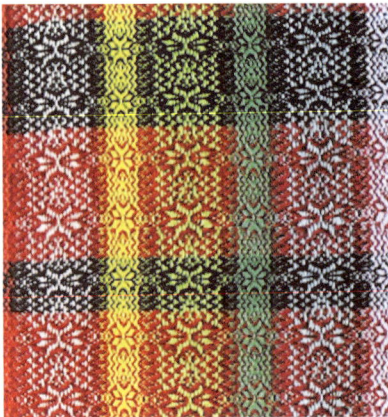 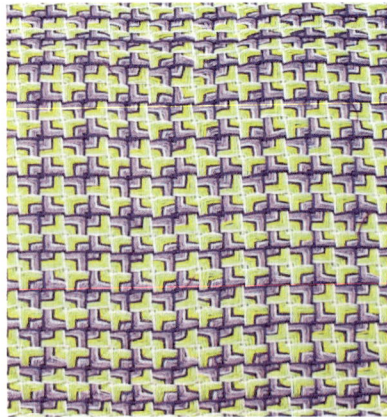

图2-1-10　具有条格外观的面料 　　　　图2-1-11　配色模纹面料

图案凸纹，反面则较为粗糙，有较长的浮长线（图2-1-12）。

（4）对于单面起毛面料，起毛的为正面；对于双面起毛面料，绒毛均匀整齐的为正面（图2-1-13）。

（5）观察面料两侧的布边，如果其正反面有区别，光洁整齐的一面为正面。

（6）对于二重、多重、双层及多层面料，如果正反面的经纬密度不同，则一般正面具有较大的密度或更好的原料。

（7）纱罗面料纹路清晰、绞经突出的为正面。

（8）对于毛巾面料，毛圈密度大的为正面。

大多数面料的正反面具有明显区别，但也有不少面料的正反面极为相似，两面均可应用，这时可以不必强求区分正反面。

四、经纬向判断

正确判断经纬向是分析面料经纬排列密度、经纬纱的线密度和组织结构等工作的先决条件。区分面料中经纬纱方向的主要依据包括以下几方面。

（1）如果面料样品是带有布边的，那么与布边平行的纱线是经纱，与布边垂直的是纬纱，如图2-1-14所示。

（2）对于上过浆料且尚未退浆的面料，含有浆料的是经纱（图2-1-15），不含浆料的是纬纱。

（3）一般的面料，特别是单层面料，排列密度大的为经纱，排列密度小的为纬纱。

（4）对于筘痕明显的面料，筘痕方向为面料

（a）正面

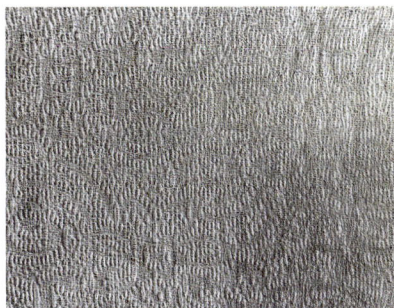

（b）反面

图2-1-12 凹凸面料的正反面

（a）正面

（b）反面

图2-1-13 起毛面料的正反面

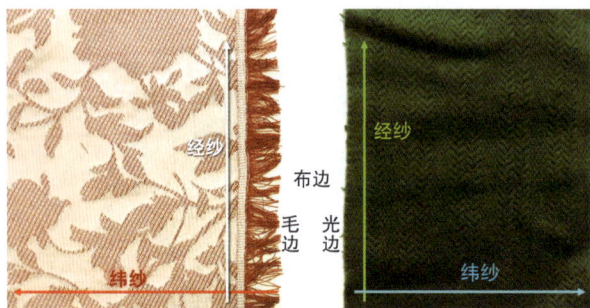

图2-1-14 带有布边的面料（毛边或光边）

图2-1-15 正在上浆的经纱

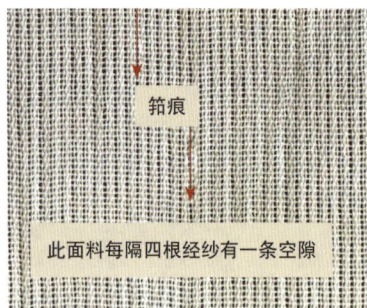

图2-1-16 面料上的筘痕

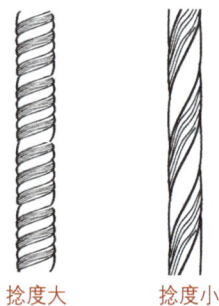

图2-1-17 纱线的捻度

图2-1-18 由不同粗细的经纱进行排列，条纹呈不同组织结构的面料

的经向（图2-1-16）。

（5）如果面料中的一组纱线是股线，而另一组是单纱时，通常股线为经纱，单纱为纬纱。

（6）若单纱面料中纱线的捻向不同，通常Z捻纱为经纱，S捻纱为纬纱。

（7）若面料中纱线的捻度不同（图2-1-17），则捻度大的往往为经纱，捻度小的为纬纱。

（8）如果面料中经纬纱的线密度、捻向、捻度都差异不大，则条干均匀、光泽较好的那组纱线为经纱。

（9）毛巾类面料起毛圈的纱线为经纱，不起圈的为纬纱。

（10）对于通过色纱排列或织造而形成条纹的面料，经纱方向与条纹方向一致的居多（图2-1-18）。

（11）若面料中有一个系统的纱线具有不同的线密度时，这个方向通常为经向（图2-1-18）。

（12）纱罗织物中有扭绞的纱线为经纱（图2-1-19），没有扭绞的纱线为纬纱。

（13）不同原料交织时，一般情况下，棉毛或棉麻交织的面料中，棉为经纱；毛丝交织的面料中，丝为经纱；毛丝棉交织的面料中，丝、棉为经纱；天然丝与绢丝交织的面料中，天然丝为经纱；天然丝与人造丝交织的面料中，天然丝为经纱。

由于面料用途非常广泛，品种极为多样，在判断经纬向时，上述判断依据并非一概而论，还应根据面料的具体情况而确定。

五、经纬密度测定

经纱和纬纱在面料中各有其排列密度，单位距离内（例如10cm内或1cm内）排列的经纱根数、纬纱根数，分别称为面料的经纱密度、纬纱密度。密度的大小，直接影响面料的外观、手感、厚度、强力、抗折性、透气性、耐磨性、保暖性等物理机械指标，同时也与产品成本和生产效率密切相关。

经纬密度的测定方法一般有直接测数法和间接测定法两种。

1.直接测数法

直接测数法可以借助照布镜或经纬密度分析镜来完成，也可通过肉眼和尺子进行测算。分析5cm范围内的经纱根数或纬纱根数，该数值乘以2，即为10cm内的经纬纱密度值。一般应测得3~4个数据，然后取算术平均值作为测定结果（图2-1-20）。

在数纱线根数时，要以两根纱线之间的中央为起点。数到终点时，如果落在纱线上，超过0.5根而不足1根时，按0.75根计算；若不足0.5根时，则按0.25根计算。

2.间接测定法

间接测定法适用于组织结构规则、经纬密度大、纱线较细的面料。在分析面料的组织结构及组织循环经纱数和组织循环纬纱数之后，乘以10cm中组织循环的个数，所得乘积便是面料的经（纬）纱密度（图2-1-21）。

经、纬纱密度按计算方式如下：

图2-1-19 纱罗织物

码2-1-2 经纬密度与缩率测定

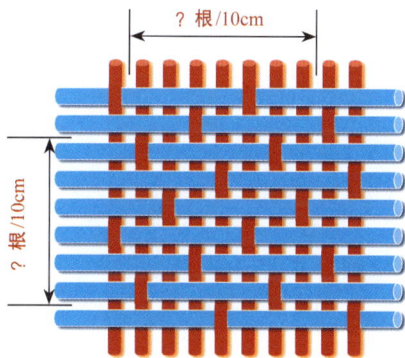

图2-1-20 经纬密度直接测数法

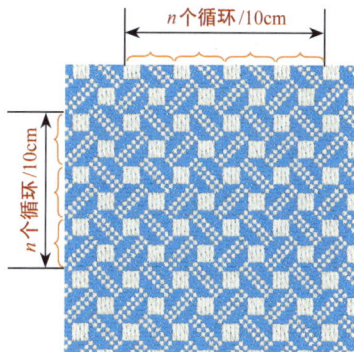

图2-1-21 经纬密度间接测定法

图2-1-22　纱线在面料中交错弯曲

$$P_j = R_j \times n_j + 余数$$

$$P_w = R_w \times n_w + 余数$$

式中：P_j 为经纱密度（根/10cm）；P_w 为纬纱密度（根/10cm）；R_j 为组织循环经纱数；R_w 为组织循环纬纱数；n_j 为经向10cm内的组织循环数量；n_w 为纬向10cm内的组织循环数量。

六、经纬缩率测定

经纬纱的缩率是面料结构参数的一项重要内容，是工艺设计的重要依据，与面料用纱量、面料平方米克重、面料弹性等力学性能、手感及外观风格等密切相关。纱线在形成面料时，经（纬）纱在面料中呈交错弯曲的形态（图2-1-22），而非伸直的状态，因此织造时所用的纱线长度大于织成的面料长度。其差值与纱线原始伸直长度的比值称为缩率。

影响缩率的因素很多，组织结构、经纬纱原料和线密度、经纬纱密度以及织造过程中纱线的张力等方面的不同，都会引起缩率的变化。

测定缩率时，一般在试样边缘沿经向（纬向）量取10cm的面料长度（如果试样尺寸较短，也可量取5cm），并做记号。将边部的纱缨剪短（可减少纱线从面料中拨出来时产生不必要的伸长），然后轻轻地将经纱（纬纱）从试样中拨出，用一只手的手指压住纱线的一端，另一只手的手指轻轻地将纱线拉直（给予适当的张力，使之伸直而不拉长）。用尺子量出记号之间的纱线长度（图2-1-23）。这样连续测量10根纱线的长度，取平均值，即可求出经纱（或纬纱）的缩率 a。计算方式如下：

$$a = \frac{L_0 - L}{L_0} \times 100\%$$

式中：L_0 为试样中纱线伸直后的长度；L 为试样长度。

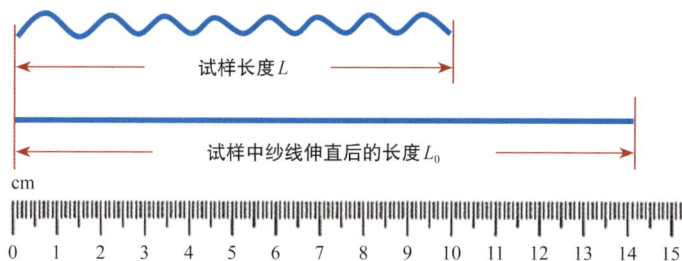

图2-1-23 纱线伸直前后的长度

该方法简单易行，但精确性不高。在测定过程中应该注意以下几点：

（1）在拨出和拉直纱线时，不能使纱线发生退捻或加捻。对某些捻度较小或强力较差的纱线，应尽量避免发生意外伸长。

（2）分析刮绒和缩绒织物时，应先用火焰或剪刀除去表面绒毛，再将纱线从面料中仔细拨出。

（3）黏胶纤维在潮湿状态下非常容易伸长，在操作时应避免手上的汗液沾湿纱线。

第二节　经纬交织：交织规律分析

一、织物组织概述

（一）织物组织的概念

在面料中，经纱和纬纱相互交错或彼此沉浮的交织规律称为织物组织。织物组织是纱线形成一整块面料的基本条件，也是体现面料肌理、花纹的重要因素。

当经（纬）纱由浮到沉，或由沉到浮，经纱和纬纱必定交错一次。两次交错形成一次交织，联结成一体而形成面料。经纱、纬纱相交之处，称为组织点（图2-2-1）。凡经纱浮在纬纱上，盖住了纬纱，即经纱在上而纬纱在下，称为经组织点（或经浮点）；凡纬纱浮在经纱上，盖

码2-2-1　织物组织概述

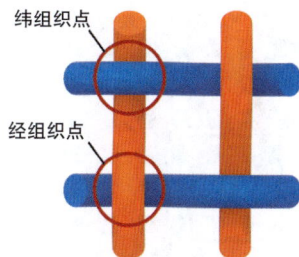

纬组织点

经组织点

图2-2-1　经组织点和纬组织点

住了经纱，即纬纱在上而经纱在下，称为纬组织点（或纬浮点）。

（二）组织循环的概念

在面料中，当经组织点和纬组织点的浮沉规律达到循环时，称为一个组织循环（图2-2-2）。组织循环是面料中的结构单元，向上、下、左、右不断重复该单元，周而复始，可组成整块面料的结构，或组成提花面料某个部位的结构。所以，用一个组织循环可以代表整块面料或提花面料某个部位的织物组织。

构成一个组织循环所需的经纱根数称为组织循环经纱数，用 R_j 表示；构成一个组织循环所需的纬纱根数称为组织循环纬纱数，用 R_w 表示。组织循环的经、纬纱数是构成织物组织的重要参数。图2-2-3中，第3、第4根经（纬）纱分别与第1、第2根经（纬）纱的浮沉规律相同，即第3、第4根经（纬）纱的浮沉规律是第1、第2根经（纬）纱的重复，如此周而复始，所以该组织循环经（纬）纱数等于2。

同理，图2-2-4中第4、第5、第6根经（纬）纱的浮沉规律是第1、第2、第3根经（纬）纱的重复，所以其组织循环经（纬）纱数等于3。组织循环的大小取决于组织循环纱线数的多少。

此外，在一个组织循环中，当经组织点数等于纬组织点数时称为同面组织，当经组织点数多于纬组织点数时称为经面组织，当纬组织点数多于经组织点数时称为纬面组织。

（三）织物组织的表示方法

面料中的经纬纱浮沉规律通常比较复杂，采用直观具象的结构图来表示比较繁复，不便于操作。一般采用简洁抽象的组织图表示法、分式表示法作为织物组织的常用表示方法。

1.组织图表示法

对于简单的织物组织，通常采用方格表示法。用来描绘

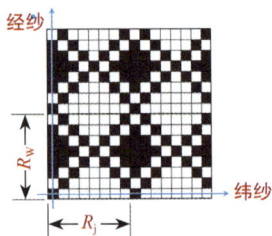

图2-2-2 组织循环

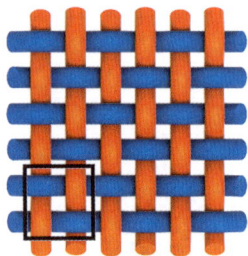

图2-2-3 组织循环经（纬）纱数等于2

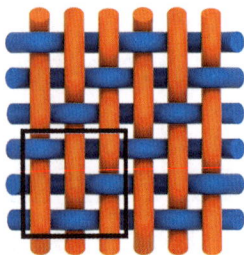

图2-2-4 组织循环经（纬）纱数等于3

组织图的、带有格子的纸称为意匠纸。意匠纸的纵列格子代表经纱，横行格子代表纬纱。在简单组织中，每个格子代表一个组织点。当组织点为经组织点时，应在格子内填满颜色或标注其他符号，常用的符号有■⊠·⊙▲。当组织点为纬组织点时，无须做任何记号，为空白格子□。

如图2-2-5所示，在绘制组织图之前，可以在意匠纸上框出所需大小的范围，再在该范围内画组织点。一般情况下，绘制一个完整的组织循环，或者绘制组织循环的整数倍。如果不是整数倍，则易引起误解。

2.分式表示法

该方法适用于比较简单而规律的织物组织，分子表示每根经纱上的经组织点数，分母表示每根经纱上的纬组织点数，分子与分母在分号上下错位列出，如图2-2-6所示。但对于缎纹组织，其分式的概念则有所不同，分子表示枚数（组织循环的大小），分母表示飞数（相应的组织点之间的距离），这在后面会进一步具体阐述。

（四）面料的纵横截面示意图

为了表示面料中经纬纱相互交织的空间结构状态以及纱线弯曲情况，除组织图外，往往还需借助截面图，以更形象地表示出织物的外观特征，特别是当组织结构比较复杂时，截面图尤其重要。

纵向截面示意图表示沿着面料中某根经纱的正中间将面料切断，再将断面向右（向左）翻转90°之后的剖面视图，一般画在组织图的右侧（左侧）。纵向截面示意图中连续弯曲的曲线代表经纱，而圆形截面则代表被切断的纬纱，如图2-2-7所示，组织图的右侧是左起第一根经纱向右翻转的纵向截面图。

横向截面示意图表示沿着面料中某根纬纱正中间将面料切断，再将断面向上（或向下）翻转90°后的剖面视

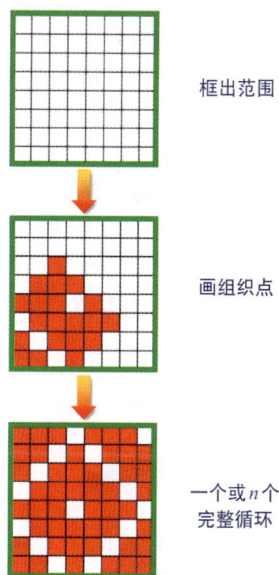

图2-2-5　组织图绘制步骤

经组织点数

纬组织点数

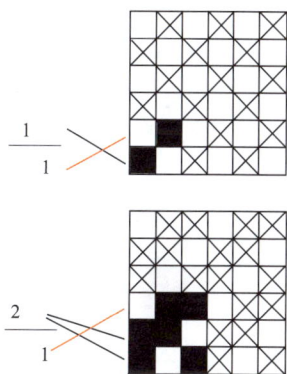

图2-2-6　分式表示法（一上一下平纹组织、二上一下右斜纹组织）

笔记

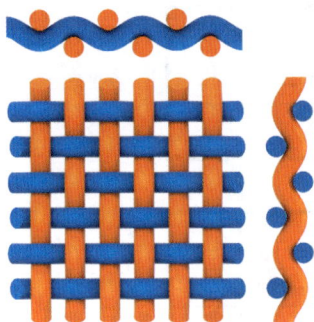

（a）一上一下平纹组织的纵横
截面示意图

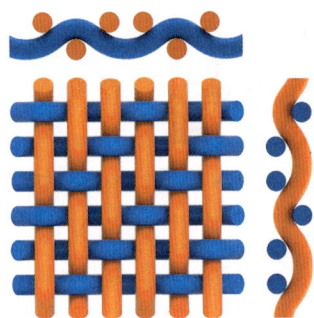

（b）二上一下右斜纹组织的纵横
截面示意图

图2-2-7 纵横截面示意图

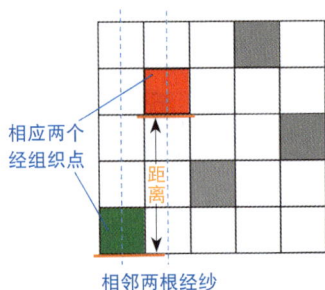

相应两个
经组织点

距离

相邻两根经纱

图2-2-8 组织点飞数
（本例S_j=3，S_w=2）

笔记

图，一般画在组织图的上方（或下方）。横向截面示意图中连续弯曲的曲线代表纬纱，而圆形截面则代表被切断的经纱，如图2-2-7所示，组织图的上方是下起第一根纬纱向上翻转的横向截面图。

（五）组织点飞数

组织点飞数通常用来表示面料中相应组织点的位置关系，如图2-2-8所示。一般是指同一个系统中相邻两根纱线上相应组织点之间的位置关系，即相对应的两个经组织点（或两个纬组织点）之间相隔多少个组织点的距离。

飞数用S来表示，沿经纱方向计算相邻两根经纱上相应两个组织点的间距称为经向飞数，用S_j表示，一般自下向上数；沿纬纱方向计算相邻两根纬纱上相应组织点的间距称为纬向飞数，用S_w表示，一般自左向右数。注意计算的起止位置应该为两个组织点的相同部位。

组织点飞数是绘制组织图的重要依据，根据某一根纱线上的经纬纱交织规律及组织点飞数，即可画出缎纹等规则组织的组织图。

（六）平均浮长

纱线的浮长是指某根纱线连续浮在另一系统纱线上的跨度，浮长的长短一般用跨过的纱线根数（或组织点数）表示。

经纬纱交织时，纱线由浮到沉或由沉到浮，形成一次交错，交错次数用t表示。纱线通过两次连续交错完成一次交织。在组织循环内，某根经纱与纬纱的交错次数用t_j表示，某根纬纱与经纱的交错次数用t_w表示。

平均浮长是指某根纱线各段浮长的平均值，也即组织循环纱线根数与一根纱线在组织循环内交错次数的比值。因此，平均浮长表示为：

$$F_j = \frac{R_w}{t_j}$$

$$F_w = \frac{R_j}{t_w}$$

式中：F_j 为经向平均浮长；F_w 为纬向平均浮长。

平均浮长可用来比较不同组织面料的松紧程度。平均浮长越长，面料就越松软。平均浮长越短，面料越紧实。

二、织物组织分析

面料通过织物组织将各根纱线联结成一个整体，同时呈现出丰富的外观效果。分析织物组织，明确经纬纱在面料中的交织规律，在面料设计与织造工作中非常重要。

分析织物组织常用的工具包括照布镜、分析针、剪刀、颜色纸等。照布镜用于局部放大并对照刻度仔细观察组织结构、纱线排列及密度等；分析针用于精准拨动某根纱线并辅助清点纱线根数和组织；颜色纸用于背景衬托以便识别纱线及交织规律，分析深色面料时可用浅色纸衬托，分析浅色面料时可用深色纸衬托。

常用的分析方法有拆纱分析法、局部分析法、直接观察法。

1.拆纱分析法

该方法比较适合初学者，常用于起绒面料、毛巾面料、纱罗面料、多层面料和纱线线密度低、排列密度大、组织复杂的面料。又可分为分组拆纱法和不分组拆纱法。

（1）分组拆纱法。对于复杂组织或色纱循环大的组织，用分组拆纱法较为精确可靠，如图2-2-9所示。

① 明确拆纱方向。为了更好地看清经纬纱交织状态，宜将密度大的纱线系统拆开，利用密度小的纱线系统的间隙，清楚地看出经纬纱的交织规律。

② 确定分析表面。一般以看清面料的组织为原则，

笔记

码2-2-2　织物组织分析

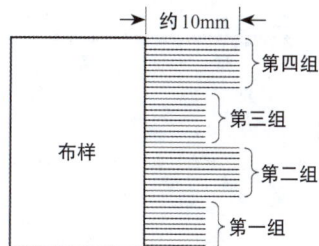

图2-2-9　分组拆纱法中的纱缨

选择分析面料的哪一面为分析面。如果是经面或纬面组织的面料，分析正面比较方便；灯芯绒面料分析反面比较方便；表面刮绒或缩绒的面料，分析时应该先用剪刀或火焰除去表面的部分绒毛，然后进行组织分析。

③ 进行纱缨分组。在面料的一侧先拆除若干根某个系统的纱线，使与之垂直相交的另一个系统的纱线露出10mm左右的纱缨，再将纱缨中的纱线每几根分为一组，并将相邻两组的纱缨分别剪成两种不同的长度。这样，当被拆的某根纱线置于纱缨当中时，可看清它与各组纱线的交织情况，以便按顺序依次记录经纱与纬纱交织的规律。

④ 填绘织物组织。经纱在上而纬纱在下的交织点（即经纱盖住纬纱的点）为经组织点，在意匠纸小方格中做标记；纬纱在上而经纱在下的交织点（即纬纱盖住经纱的点）为纬组织点，小方格中无须做任何标记，使其空白。分析完一根纱线，再拆出第二根纱线置于纱缨当中，继续记录交织规律，依此类推（图2-2-10）。在组织循环大小未知的情况下，刚开始拆出的几根纱线可以适当地多分析一些交织点，至少应包含一个完整的周而复始的规律。随着分析的进行，意匠纸中填绘的组织点逐渐增加，该组织结构的规律便慢慢显现出来，可以看出循环的起止点。再继续分析和记录，确保获得完整的组织循环，并且后续纱线的交织规律与该组织循环完全一致。

如果填绘组织所用的意匠纸中每一大格的纵横方向均为八个小格，正好与每组纱缨根数相等，则可以把每一大格作为一组，与纱缨的分组相对应。这样，就可以非常方便地将当前被拆的纱线在纱缨中的交织规律记录在意匠纸的方格上。

（2）不分组拆纱法。首先确定拆纱方向，再确定分析面，然后选择纱缨中的某一根作为分析和记录的起始

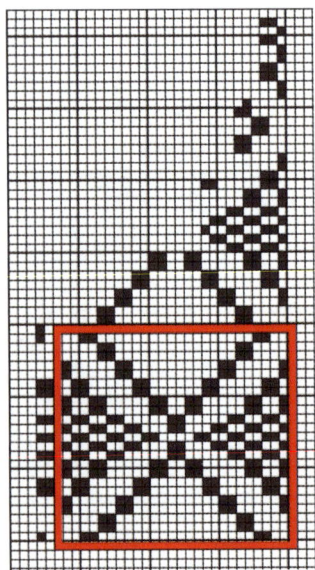

图2-2-10　织物组织填绘

点并做好标记，此后每根拆纱分析，都从该标记点开始记录经纬交织点，确保起始点统一。该方法不需要将纱缨分组，只需将当前要拆的纱线轻轻拨入纱缨中，在意匠纸上按顺序依次记录经纱与纬纱交织的规律即可。

2.局部分析法

有的面料表面局部有花纹，而地布的组织很简单（图2-2-11），此时只需分别对花纹和地布的局部进行分析，然后根据花纹的经纬纱根数和地布的组织循环数，便可得出一个完整组织循环的经纬纱数，不必一一画出每个经纬组织点。在填绘组织图时，需注意地组织与花组织起始点的统一。

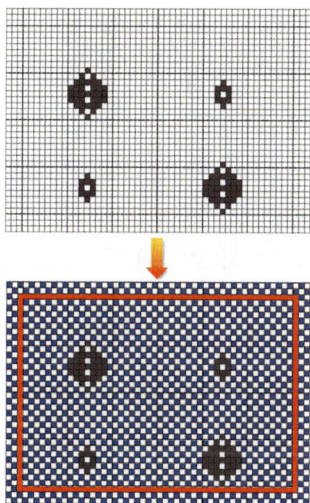

图2-2-11　局部分析法

3.直接观察法

有经验的面料设计人员或工艺人员，可采用直接观察法，依靠眼力或借助照布镜，对面料进行直接观察（图2-2-12），将观察到的经纬纱交织规律依次填入意匠纸的方格中。分析时，可多填写几根经纬纱的交织状况，以便正确地找出完整的组织循环。该方法简单易行，主要用来分析单层密度不大、纱线线密度较大的原组织面料和简单的小花纹组织面料。

图2-2-12　直接观察法

三、色纱排列分析

在分析面料时，除了要细致耐心之外，还须注意组织与色纱的配合关系。对于纯色面料，在分析时不存在这个问题。但是多数面料的风格效应不仅是由经纬交织规律来体现，往往还将组织与色纱排列相互配合起来，从而得到更为丰富的外观效应。因此，在分析这类组织循环与色纱排列循环相配合的面料（色织面料）时，须在组织图上标出色纱的颜色和循环规律。

在分析时，大致有以下几种情况。

（1）当面料的组织循环纱线数等于色纱循环数时，画出组织图后，只需在经纱下方、纬纱左侧，标注颜色

码2-2-3　色纱排列分析

🖋 笔记

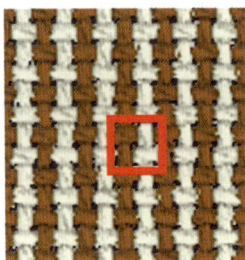

棕色 ×1
米色 ×1

黑色 ×1
米色 ×1

图2-2-13 组织循环纱线数等于色纱循环数时的表示方法

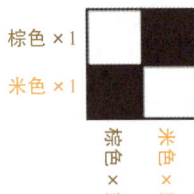

笔记

和根数即可，如图2-2-13所示。

（2）当面料的组织循环纱线数不等于色纱循环数时，在填绘组织图时，其经纱数应该为组织循环经纱数与色经循环数的最小公倍数，纬纱数应该为组织循环纬纱数与色纬循环数的最小公倍数，如图2-2-14所示。

（3）当色纱循环较大，不便按照最小公倍数扩充所有组织点，也可采用文字和数字对色纱循环进行辅助说明。

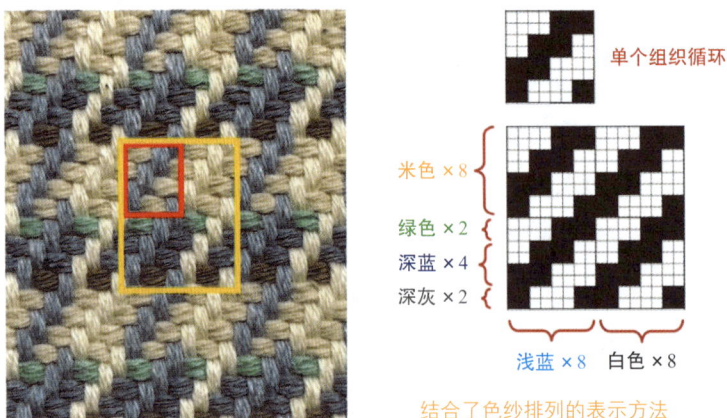

单个组织循环

米色 ×8
绿色 ×2
深蓝 ×4
深灰 ×2

浅蓝 ×8　白色 ×8

结合了色纱排列的表示方法

图2-2-14 组织循环纱线数不等于色纱循环数时的表示方法

第三节　经纬原料：纱线规格分析

一、纱线的线密度测算

组成面料的纱线具有不同的粗细，称为细度。由于纱线和纤维较细，用直径等直接指标来反映其具体粗细通常并不方便。因此采用纱线细度的间接指标来衡量，包括线密度Tt、纤度N_{den}、公制支数N_m、英制支数N_e等，其中特克斯制的纱线线密度，是指1000m长的纱线在公定回潮率（温度20°C、相对湿度65%的标准环境下的回潮率）下的质量。其计算公式如下：

$$Tt = \frac{1000 \cdot m}{L}$$

码2-3-1 纱线规格分析

式中：Tt为纱线的线密度（tex）；m为在公定回潮率下的质量（g）；L为纱线试样的长度（m）。

纱线线密度的测定，一般包括比较测定法和称量法两种。

1.比较测定法

将面料中取出的某种经（或纬）纱试样置于放大镜下，与已知线密度的纱线仔细比较，判断与哪根纱线线密度最为一致，或居于哪两根纱线线密度之间，以确定该纱线试样的线密度。该方法测定的准确程度与试验人员的经验有关。因其操作简单迅速，在生产实践中经常采用。

2.称量法

在测定之前须确保样品的经纱没有上浆，或已做退浆处理。在测定时，从10cm×10cm的面料中，取出10根左右某种经（或纬）纱，进行称重得到实际质量或干燥质量（图2-3-1）。若面料试样大小有限，也可采用其他尺寸，取出的纱线根数以总质量能够便于准确称量出来为宜。测定纱线试样伸直后的长度，明确纱线公定回潮率（表2-3-1）和实际回潮率，纱线的线密度可通过下式求出。

$$Tt = \frac{1000 \cdot M}{L} \cdot \frac{100+W_\Phi}{100+W}$$

或

$$Tt = \frac{1000 \cdot M_0}{L} \cdot \left(1 + \frac{W_\Phi}{100}\right)$$

式中：M为纱线实际质量总和（g）；L为纱线伸直长度总和（m）；W_Φ为纱线公定回潮率（%）；W为纱线实际回潮率（%）；M_0为纱线干燥质量（g）。

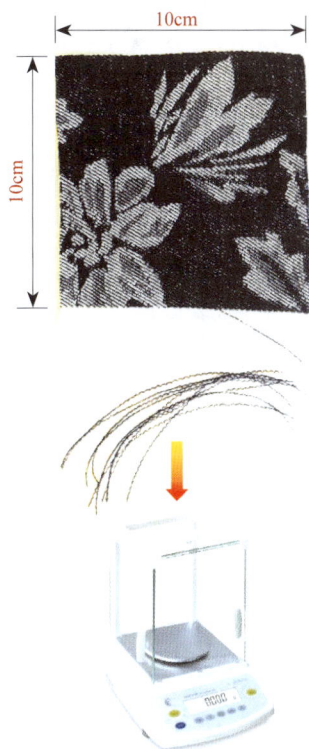

图2-3-1　称量法测算线密度

表2-3-1　纱线的公定回潮率

纱线种类	公定回潮率（%）
棉纱线	8.5
苎麻、亚麻、汉麻、罗布麻、剑麻纱线	12.0
黄麻纱线	14.0
蚕丝	11.0
精梳毛纱	16.0
粗梳毛纱、羊毛绒线、山羊绒纱、兔毛纱线、骆驼绒纱线、牦牛绒纱线	15.0
黏胶纱及长丝、富强纤维纱线、铜氨纤维纱线	13.0
醋酯纤维纱线	7.0
维纶纱	5.0
锦纶纱及长丝	4.5
腈纶纱	2.0
氨纶纱	1.3
涤纶纱及长丝	0.4
丙纶、氯纶、偏氯纶、氟纶纱	0

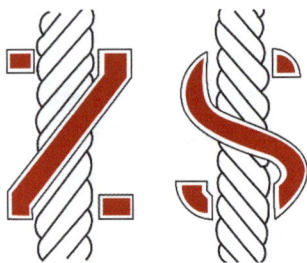

图2-3-2　捻向示意图

二、纱线捻向捻度分析

加捻作用是影响纱线结构与性能的重要因素，对于纱线的力学性能和外观、面料手感和光泽、服装形态风格等均有很大影响。加捻对于短纤维形成具有一定强度的连续纱线起着决定性的作用。短纤维纱、股线、捻线都需要加捻，有些由长丝组成的纱线不一定加捻。

纱线加捻时回转的方向称为捻向。纱线的捻向有Z捻和S捻两种。鉴别捻向时，可仔细观察纱线中的纤维或单纱等组成部分的倾斜方向，或者对某一段纱线进行适当退捻，观察纤维在纱段中的排列倾斜情况，如图2-3-2所示，呈"Z"形为Z捻（也称反手捻、左捻向）；呈"S"形为S捻（也称顺手捻、正手捻、右捻向）。

对于加捻不止一次的股线或捻线，其捻向可由内而外依次表示。例如单纱为Z捻，初捻为Z捻，复捻为S捻的线，其捻向以ZZS表示。单纱一般呈Z捻居多；Z捻的单纱合股加捻时以S捻居多；强捻纱线中的单纱与股线通常捻向相同。

纱线的加捻程度可用捻度、捻系数、捻回角来表征。捻度是指单位长度纱线上的捻回数，即单位长度纱线上纤维的螺旋圈数。在不同的计量系统下，常用的单位长度有10cm、1m或1英寸（2.54cm）。捻度的大小可通过纱线捻度测试仪测定。

三、纱线原料成分鉴定

面料品种繁多、用途广泛，为满足各项用途的需求，涉及正确、合理地选配各类原料。面料中经纬纱的原料也各式各样，分析时主要采用定性分析和定量分析两种方法。

1.定性分析

主要分析纱线由哪种纤维原料组成，分析面料属于纯纺、混纺，还是交织。采用的步骤一般是先明确纤维的大类（图2-3-3），判断面料所用纤维属于天然纤维素纤维、天然蛋白质纤维，还是属于化学纤维，再确定具体是哪一品种的纤维。

常用的鉴别方法有手感目测法、燃烧法、显微镜法、化学溶解法以及药品着色法、熔点法、比重法、双折射法、X射线衍射法、红外吸收光谱法等。

手感目测法是指根据纤维的外观形态（长度及其分布、细度及其分布、卷曲）、色泽及其含杂类型、刚柔性、弹性、冷暖感等来区分天然纤维（棉、麻、毛、丝）及化学纤维（图2-3-4）。

燃烧法可根据纤维接近火焰、在火焰中和离开火焰后的燃烧特征、散发的气味以及燃烧后的残留物来辨别，将常用纤维分成三类，即纤维素纤维（棉、麻、黏胶纤维等）、蛋白质纤维（毛、丝等）及合成纤维（涤纶、锦纶、腈纶、丙纶等）。纤维的化学组成不同，其燃烧特征也不同。该方法适用于单一成分的纤维、纱线和面料，或者纯纺纱交织的面料。对于混合成分尤其是多种原料混合的纤维、纱线和面料，或经过阻燃及其他整理的纤维和纺织品，则较难鉴别。采用燃烧法鉴别时经纱、纬纱应分别进行。表2-3-2为常见纤维的燃烧特征。

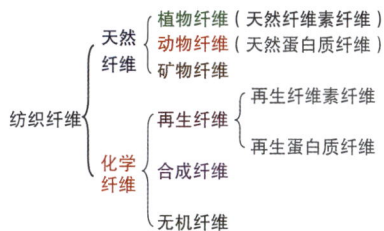

图2-3-3　纺织纤维的分类

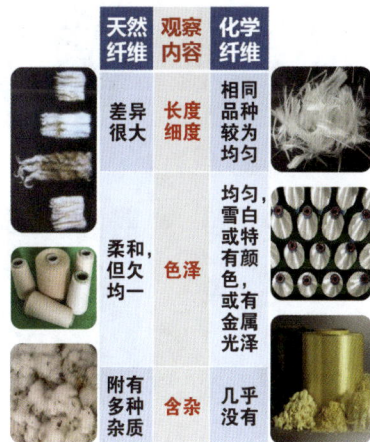

图2-3-4　纤维的手感目测比较

笔记

表2-3-2　常见纤维的燃烧特征

名称	接近火焰	火焰中	离开火焰	气味	残留物
纤维素纤维（棉、麻、黏胶等）	不熔不缩	迅速燃烧	继续燃烧、阴燃	烧纸味	松软的灰白色灰烬
蛋白质纤维（丝、毛等）	收缩不熔	较慢燃烧	不易延燃	毛发烧焦味	松脆黑颗粒
涤纶	收缩熔融	先熔后烧	继续燃烧	特殊芳香味	较硬的黑块
锦纶	收缩熔融	先熔后烧	继续燃烧	氨臭味	较硬的黑褐色球
腈纶	收缩熔融	先熔后烧，速度较快	继续燃烧	辛辣味	黑色不规则小球

显微镜观察法可根据各种纤维的纵、横向形态特征来鉴别纤维，还可用来确定是纯纺面料（由一种纤维构成）还是混纺面料（由两种或多种纤维构成）以及混纺面料中的纤维种类或大类。

图2-3-5是几种常见纤维在显微镜下观察到的横截面和纵向形态。

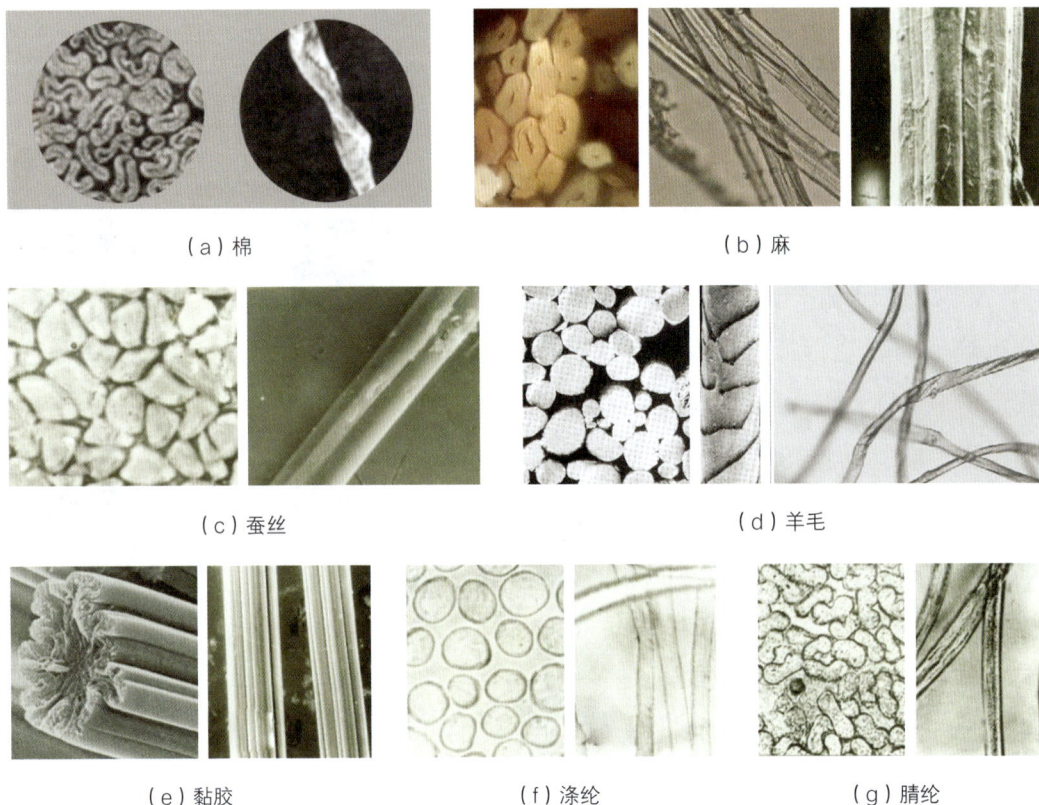

（a）棉 　　　　　　　　　　　　　　　（b）麻

（c）蚕丝 　　　　　　　　　　　　　　（d）羊毛

（e）黏胶 　　　　　（f）涤纶 　　　　　（g）腈纶

图2-3-5　显微镜下常见纤维的横截面和纵向形态

2.定量分析

混纺纱线或面料成分的定量分析是对面料中某种纤维具体百分含量进行的分析。一般采用化学溶解法，选用适当的溶剂，使混纺面料中的一种纤维溶解，再对剩余的纤维进行称重，从而得到面料中各种不同成分纤维的质量并计算混合含量百分率。

化学溶解法根据各种纤维在不同试剂中溶解性能的差异来鉴别纤维和计算混纺百分比。适用于各种纺织材料，包括染色纤维或混合成分的纤维、纱线与面料。对于单一成分的纤维，鉴别时可将少量待鉴别的纤维放入试管中，注入某种溶剂，用玻璃棒搅动，观察纤维在溶液中的溶解情况，如溶解、微溶解、部分溶解和不溶解等。分析时，经纱、纬纱应分别进行分析。

第四节 综合定位：面料归类分析

人们对美好生活的持续追求以及科学技术的日益发展，促使面料的品种不断增多。面料的品种已形成庞大而丰富的体系。通过对面料分析的深入学习，面料样品的规格和基本信息逐渐明朗。基于分析得到的一系列规格和信息，进一步确定该样品具体属于哪个类别，以及在整个面料体系中的定位。通常，面料可以按原料、加工方法、织物组织、用途等进行分类。

一、按构成面料的原料分类

1.纯纺面料

纯纺面料是指经纬纱都采用同一种纤维纺成纱再织成的面料，例如棉布、麻布、丝绸、毛料、涤纶面料等。

2.混纺面料

混纺面料是指采用两种或两种以上不同种类纤维混纺的经纬纱而织成的面料，例如涤棉混纺面料、毛黏混纺面料、多种纤维混纺面料等。

3.交织面料

交织面料是指经纱成分与纬纱成分不相同，经纬纱相互交织而成的面料。例如棉经、毛纬的棉毛面料，毛、丝交织的凡立丁，丝、棉交织的线绨，蚕丝、人造丝交织的古香缎等。

二、按加工方法分类

1.机织面料

机织面料又称梭织面料，是指由相互垂直排列的两个系统的经纬纱线，在织机上按一定规律交织而成的制品（图2-4-1）。其历史悠久，应用广泛。

2.针织面料

针织面料是指由织针将纱线弯曲成线圈，并使之相互串套连接而成的片状物体（图2-4-2），分为纬编织物和经

码2-4-1 面料归类分析

笔记

图2-4-1 机织面料

图2-4-2 针织面料

图2-4-3 非织造布

图2-4-4 原组织

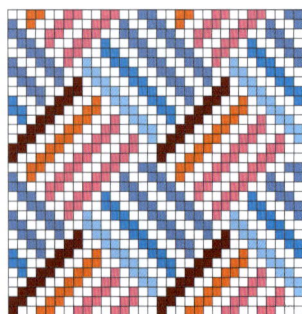

图2-4-5 小花纹组织

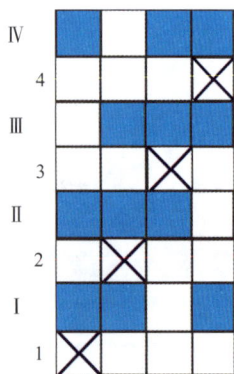

图2-4-6 复杂组织

编织物。常用于羊毛衫、内衣、运动服、T恤衫等产品。

3.非织造布

非织造布又称无纺布，是指不通过传统的纺纱、机织、针织等工艺，而是由纤维网借助机械或化学方法构成的片状集合物（图2-4-3）。例如用于乌毡帽、服装黏合衬、人造毛皮、购物袋、湿巾、尿不湿、土工布等。

此外，还有编织物、花边、复合织物、三维织物等其他结构的产品。

三、按织物组织分类

1.原组织面料

原组织面料又称基本组织织物，其织物组织包括基础的各种平纹、斜纹、缎纹，如图2-4-4所示。

2.小花纹组织面料

小花纹组织面料的织物组织由原组织加以变化或配合而成（图2-4-5），又可分为变化组织与联合组织。其中，变化组织以原组织为基础，加以变化（例如改变原组织的循环、浮长、飞数、斜纹线的方向等）而获得的各种不同组织，包括平纹变化组织、斜纹变化组织、缎纹变化组织。联合组织是指将两种或两种以上的组织（例如原组织或变化组织），按照各种不同的方法联合而成的新组织，包括条格组织、绉组织、透孔组织、蜂巢组织等。

3.复杂组织面料

复杂组织面料由若干系统的经纱和若干系统的纬纱构成，如图2-4-6所示。这类组织能使面料具有特殊的外观效应和性能。复杂组织包括重组织、双层组织、多层组织、起毛组织等。

4.大提花组织面料

大提花组织面料又称大花纹织物，是综合运用两种或两种以上的组织而形成大花纹图案的面料，如图2-4-7所

图2-4-7 大提花组织局部

示。一个花纹循环中的组织循环经纱数可达上万根，纬纱数甚至可以更多。

上述四类面料中，前三类面料一般在踏盘织机或多臂织机上可以实现，但大提花组织面料则须在提花织机上才能织制。

四、按面料用途分类

1.服用纺织品

服用纺织品是指用于服装领域的各种纺织面料，如图2-4-8所示。面料可以是平素、色织条格、小提花、大提花、印花织物等。用途包括内衣、外衣、裤装、裙装、职业装、休闲装、礼服等。

图2-4-8 服用纺织品

2.装饰用纺织品

装饰用纺织品是指用于美化环境的实用纺织品，如图2-4-9所示，包括家用纺织品等,通常要求美观、舒适、艺术性和功能性相结合。例如窗帘、沙发布、抱枕、床上用品、壁挂、墙布、桌布、地毯等。

3.产业用纺织品

产业用纺织品是指用于传统纺织服装业之外的其他产业的,经过专门设计的、具有工程结构特点、特定性能或功能的一类纺织品,如图2-4-10所示。包括航空航天、国防军工、医疗卫生、交通运输、建筑业、工业、农业等用途的纺织品。例如宇航服、防护服、人造血管、汽车用复合材料、土工布、过滤布等。

图2-4-9　装饰用纺织品

图2-4-10　产业用纺织品

练习与讨论

单选题

1. 面料克重是指（　　　）。

　　A. 一匹布的重量

　　B. 每平方米面料在公定回潮率下的质量

　　C. 剪取下来的一块布料样品所称得的重量

　　D. 一克重的面料面积大小

2. 填绘颜色或标注符号的意匠格表示什么含义？（　　　）

　　A. 对应面料上相应颜色的点　　　　　　　B. 纬组织点

　　C. 经组织点　　　　　　　　　　　　　　D. 交织点

多选题

按加工方法分类，面料包括（　　　）等类别。

A. 机织面料　　　B. 服装面料　　　C. 装饰面料　　　D. 非织造布　　　E. 针织面料

判断题

1. 在单层面料中，纱线排列密度的大小可以作为判断哪个方向为经向、哪个方向为纬向的依据之一。（　　　）

2. 通过燃烧法可以判断出纯纺纱线的纤维种类。（　　　）

3. 机织面料中的经纱、纬纱形态是伸直的直线。（　　　）

4. 当经组织点和纬组织点浮沉规律达到循环时，称为一个组织循环。（　　　）

5. 色纱循环一般与组织循环大小相等。（　　　）

6. 同等条件下，织物组织平均浮长为3的面料往往比平均浮长为10的更松软。（　　　）

讨论题

1. 面料包括哪些类别？分别有什么特征？

2. 你平时逛面料、服装服饰、家纺、软装等市场或浏览相关网站吗？最喜欢哪种产品？

3. 谈谈你的服装、鞋帽、背包是哪种面料做成的?

4. 你在分析鉴别面料的过程中有没有遇到什么困难? 是如何解决的? 最难的环节是哪一步? 如何确保分析鉴别的准确性?

5. 学会了面料分析鉴别的本领,你在选购纺织服装等产品时会更关注哪些方面?

第三章

面料设计方法

本章概要

　　如何从无到有地构思、设计、实现创新面料？应确立主题方案，丰满作品内涵，赋予作品一定的意义。并根据设计方案中面料的具体品种、外观效果、结构特征以及合适的方法进行纱线的选用和织物组织的设计。织物组织千变万化，妙趣横生。此外，还需要根据面料的用途、性能与功能要求、生产工艺等方面进行工艺参数设计，以实现设计效果，保证织造顺利和面料品质。

实践项目：确立面料设计方案

　　请根据前期调研分析结果和市场需求，结合本章所述内容，开展创新设计，开发一套美观而实用的面料，明确作品主题、纱线材料规格、织物组织、工艺参数等方面的内容，确立具体设计方案。

第一节　构思：面料作品主题表达

码3-1-1　面料作品主题表达

笔记

创作一块优秀的面料设计作品，可以心系古今中外，可以胸怀天地宇宙，也可以于细微处见精神。

面料设计可以从自然界捕捉并提炼构思创意。自然界中的形态、色彩、肌理、结构千变万化，如图3-1-1所示，对富有特色、生动形象的元素进行分析、概括、夸张、装饰、想象，可以使之成为创作的基本元素，结合经纬交织的表现手法，转化为面料的各种视觉形式，并产生具有一定主题的情感表达。

面料设计也可从社会百态和各种艺术形式中捕捉构思创意。通过面料作品，可以传达关于人类社会的哲思，

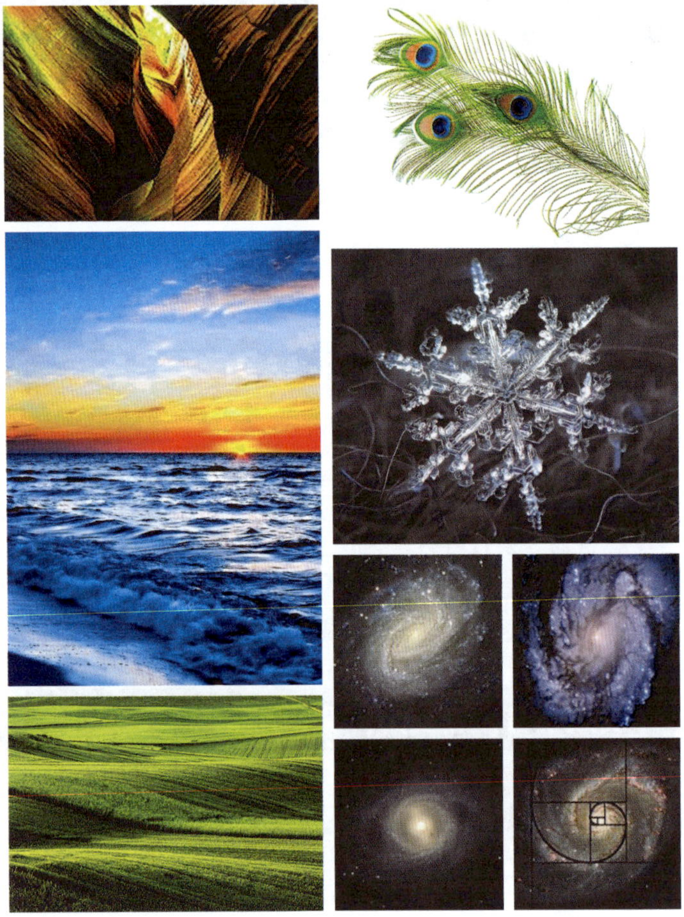

图3-1-1　自然界中的形态、色彩、肌理、结构

也能融合其他种类艺术形式的特征而加以表达，使作品具有深刻的精神内涵、悠久的文化积淀、丰富的外在表现力。例如，我国传统艺术在内容、形式、材质、色彩等方面都具有令人回味无穷的魅力，如图3-1-2所示，透射出中华优秀传统文化特有的凝聚力，给人们带来强烈的共鸣和深刻的印象。借鉴传统艺术的精华，采用新的材料、新的工艺、新的构成方法，可使古老艺术的生命力在面料作品中得以延续和绽放。

面料设计还可以从材料特性中捕捉构思创意。各种材料因其物理、化学性质等方面的差异，显现出不同的形态、色彩、肌理特征，如图3-1-3所示，能够激发创作灵感。通过深入了解和准确把握材料的特质，展开艺术想象，因材施艺，充分发挥材料的特点与优势，最优化地运用到产品设计创作中，从而使产品能够激发审美共鸣，最大限度地提升使用体验。

图3-1-2 传统艺术

图3-1-3 各种材料具有不同特性

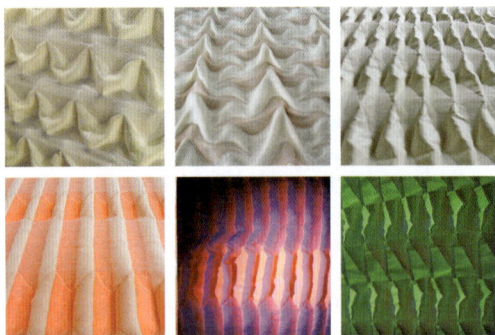

图3-1-4　结合弹力纤维的面料

图3-1-5　结合金属丝的面料

图3-1-6　结合热塑性材料的面料

图3-1-7　烂花工艺面料

例如，材料粗与细、刚与柔的对比可在面料中碰撞出火花；将皮革、纸、藤条、羽毛、金属、塑料膜、有机玻璃等各种非常规材料在面料中进行综合运用；灵活运用弹性纤维织出富有立体效果的面料（图3-1-4）；按比例加入金属丝而增加面料可塑性（图3-1-5）；通过面料中的热塑性纤维材料对激光切割、加热塑形等工艺处理的反应，可以得到丰富的形态效果（图3-1-6）；由不同组分纤维材料混合使用织成的面料，通过烂花印花工艺以化学试剂腐蚀掉其中一种组分，使面料的印花区域呈半透明或磨破的肌理效果（图3-1-7）；采用光导纤维或智能纤维赋予面料基本使用性能之外的智能交互等功能（图3-1-8）等。

此外，面料设计还可以从面料中经纱与纬纱相互交织的组织结构特征中捕捉构思创意，并使其结构特色在面料作品中得到充分发挥。具体的织物组织类型及特征将在本章后续内容中进行阐述。

期待大家用一双善于发现美的眼睛、一颗乐于体验生活的心、一个勇于表达思想的头脑，发掘设计创意的无限可能，用灵巧而勤劳的双手创造出美好而实用的面料作品。

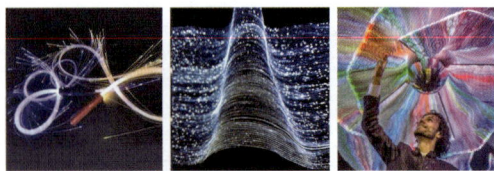

图3-1-8　发光、变色纤维及面料

第二节　选材：纱线材料类型及特征

在已了解主题方案中色彩、肌理、材料和应用方向的设计要领后，要将主题方案实现出来，转化为具体的面料作品实物，则需要在原材料的基础上进行。通常，纱线是面料织造的原材料。纱线有哪些种类？每种纱线分别有什么特征？不同纱线的选用对于面料的特性会产生什么影响？通过学习纱线的类型及特征，可更加准确地认识纱线，更好地实现面料的设计方案。

纱线通常是指"纱"和"线"的统称。其中，"纱"是指由许多短纤维或长丝排列成近似平行状态，并沿轴向旋转加捻而成的细长物体，具有一定强力和粗细。而"线"，是指由两根或两根以上的单纱捻合而成的股线。特别粗的，称为"绳"或"缆"。

纱线的种类有很多，如图3-2-1所示，分类方法也有多种。在本节内容中，主要按照纤维原料组成、纱线结构、纺纱系统、纺纱方法、纱线用途对纱线进行分类，并分别探讨它们的特征。

码3-2-1　纱线材料类型及特征

笔记

图3-2-1　各种类型的纱线

一、按原料组成分类

按照纱线中纤维原料的组成来分类，包括纯纺纱、混纺纱和复合纱三大类。

图3-2-2 棉的形态特征

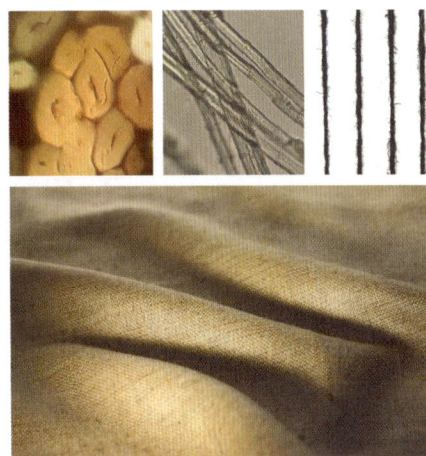

图3-2-3 麻的形态特征

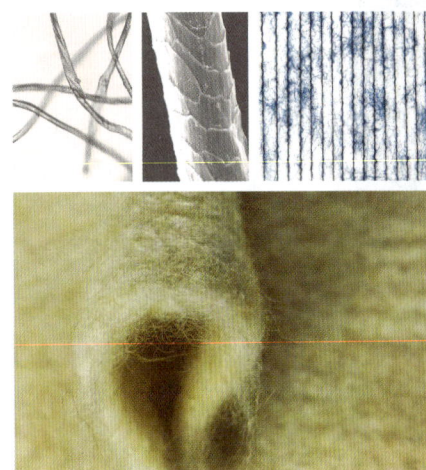

图3-2-4 毛的形态特征

1.纯纺纱

纯纺纱是用同一种纤维纺成的纱线，具有该种纤维原料自身的特性。

例如，棉纤维（图3-2-2）的长度一般为15～75mm，属于短纤维，中段直径在十几到三十几微米，粗细适中，截面呈腰圆形、有中腔，纵向具有天然转曲结构，纤维较柔软亲肤，吸收水分的能力较强，公定回潮率约为8.5%，纤维弹性较差。同样的，棉纱一般较为柔软，吸湿透气，风格朴实。

麻纱的纤维（图3-2-3）有中腔和横节、竖纹，公定回潮率高达百分之十几，吸湿、散湿、透气能力比棉纱更好，舒适爽身，强度高、刚性大，会给皮肤带来刺痒感，其面料较为挺括，麻的弹性比棉更差，面料更容易起皱。

毛纱的纤维（图3-2-4）有天然卷曲、表面覆盖鳞片、弹性优良、手感丰满、吸湿能力强、保暖性好、不易沾污、光泽柔和、染色性能好，并且有缩绒的特点。

对于绢纺纱，蚕丝纤维（图3-2-5）具有

图3-2-5 丝的形态特征

较好的强伸度，纤维细而柔软、平滑、富有弹性、光泽好、吸湿性强，具有很强的亲肤性和柔软性。

在各种化学纤维中，黏胶纤维（图3-2-6）吸湿能力最好，公定回潮率可以达到13%。吸湿后膨胀，面料下水后收缩大、发硬，湿强降为干强的一半左右。其强度小于棉，断裂伸长大于棉。耐磨性、抗皱性、尺寸稳定性差；抗起毛起球性、耐热性、抗熔性好；染色性能良好，色谱较全，能染出鲜艳的颜色。

图3-2-6　黏胶纤维的形态特征

涤纶（图3-2-7）的吸湿能力差，公定回潮率仅为0.4%左右，穿着闷热，静电现象严重，容易吸灰；强度、伸长较大，弹性优良；耐磨性、抗皱性、尺寸稳定性好；抗起毛起球性、抗熔性差；耐热性、耐晒性较好；染色性能较差。

锦纶（图3-2-8），俗称尼龙，吸湿能力较好，公定回潮率可达4.5%左右。强伸度大，弹性优良；耐磨性很好；在小负荷下容易变形，保形性、硬挺性不如涤纶面料；抗起毛起球性、抗熔性差；耐热性、耐晒性较差；染色性能较好。

图3-2-7　涤纶的形态特征

腈纶（图3-2-9）的吸湿能力比涤纶好，比锦纶差，公定回潮率在2%左右；弹性回复率低于锦纶、涤纶、羊毛；耐磨性较差，蓬松性、保暖性很好；具有特殊的热收缩性；耐晒性很好。

弹性纤维氨纶的吸湿性差，公定回潮率为0.8%~1%。强度低，具有高伸长、高弹性的特点。可以与其他纤维配合使用，形成弹性纱线和弹性面料。

每种材料各有千秋，应多观察、多体会、多实践，熟悉纱线材料的特性，根据具体设计需求进行选择。

图3-2-8　锦纶的形态特征

2.混纺纱

混纺纱，是指由两种或两种以上的纤维纺成的纱。如涤纶与棉的混纺纱，羊毛与黏胶纤维的混纺纱等。混纺纱兼具其中各组分的特点，并可取长补短，改善

图3-2-9　腈纶的形态特征

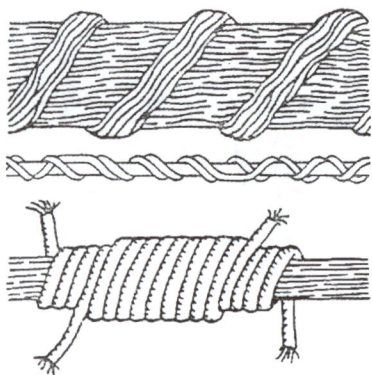

图3-2-10　复合纱的形态特征

图3-2-11　短纤纱的形态特征

图3-2-12　单纱、股线、绳、缆

图3-2-13　单丝、复丝、捻丝

纯纺纱的缺点，为面料设计提供了更多的选择。

3.复合纱

复合纱，主要是指在环锭纺纱机上通过组合短/短、短/长等不同纤维加捻而形成的纱，以及通过单须条分束或须条集聚方式得到的纱（图3-2-10）。如包覆纱、膨体纱、包芯纱、包缠纱等。

除了纤维原料对纱线特性的影响，纱线的结构特征也是影响其强度、质量、外观、肌理、功能等特性的重要因素。

二、按纱线结构分类

按照纱线的结构进行分类，主要有短纤纱、长丝纱和花式纱线这三大类。每个大类中又包含多种类别。

1.短纤纱

短纤纱，是指由较短纤维经过纺纱加工而成的纱线（图3-2-11）。通常结构蓬松、外观丰满，具有良好的保暖性和舒适性。

短纤纱包括单纱、股线、绳和缆，如图3-2-12所示。单纱指短纤维沿着轴向排列并经过加捻而形成的纱。股线是指两根或两根以上的单纱合并加捻制成的线。股线再合并加捻，称为复捻股线。多根股线合并加捻，形成直径达毫米级以上时，可称为绳。当多根股线和绳合并加捻形成直径达数十或数百毫米级的产品时，可称为缆。

2.长丝纱

长丝纱是指由长丝加工而成的纱线，如图3-2-13所示。例如，桑蚕丝就是一种长丝。由于纤维平行，排列紧密，长度长而头端少，长丝纱通常比短纤纱更光滑，粗细均匀，富有光泽，强度更高。

其中，单丝纱是指长度很长的单根连续纤维。

复丝纱是指两根或两根以上的单丝合并而成的丝束。复丝加捻后，成为捻丝。复合捻丝由捻丝再经过一次或多次合并、加捻而成。

此外，变形丝是指由化学纤维或天然纤维原丝经过变形加工，产生卷曲、螺旋、环圈等外观特征更具蓬松性、伸缩性的长丝。

例如，由无弹性的化学纤维长丝经加工形成的微卷曲的具有伸缩性的化学纤维长丝，称为弹力丝（图3-2-14）。利用腈纶等化学纤维原料的热收缩性制成的高度蓬松的纱称为膨体纱（图3-2-15），柔软、保暖性好、具有一定的毛型感。经喷射气流作用使单丝互相缠结而呈周期性网络点的长丝称为网络丝（图3-2-16），它在织造加工中不用浆纱，织成的面料厚实，表面有仿毛感。化学纤维长丝经空气变形喷嘴的涡流气旋形成丝圈丝弧或进一步磨断形成毛羽，可得到空气变形丝（图3-2-17），其外观与短纤纱类似。

3. 花式纱线

还有一种特殊的纱线称为花式纱线，由芯纱、饰纱和固纱加捻组合而成，具有各种不同的特殊结构、性能和外观，如图3-2-18所示。例如圈圈线（图3-2-19）、波形线（图3-2-20）、结子线（图3-2-21）、竹节纱（图3-2-22）、

图3-2-14　弹力丝

图3-2-15　膨体纱

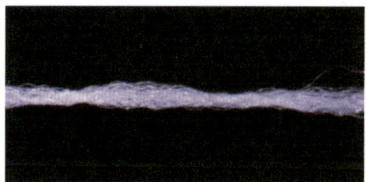

图3-2-16　网络丝

图3-2-17　空气变形丝

图3-2-18　花式纱线

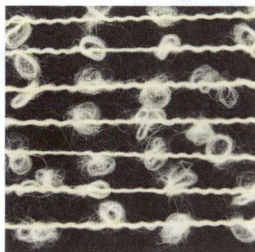

图3-2-19　圈圈线

图3-2-20　波形线

大肚线（图3-2-23）、辫子线（图3-2-24）、雪尼尔线（图3-2-25）、羽毛纱（图3-2-26）、乒乓线（图3-2-27）、灯笼线（图3-2-28）、带子线（图3-2-29）、金银丝花式线（图3-2-30、图3-2-31）等。花式纱线品种丰富，外观生动形象，具有良好的装饰效果。

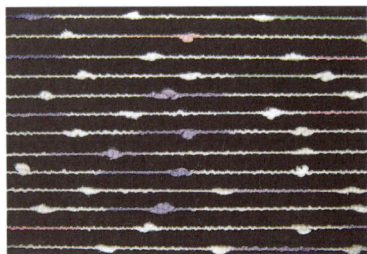

图3-2-21　结子线

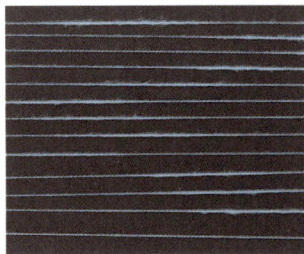

图3-2-22　竹节纱

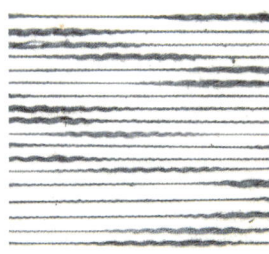

图3-2-23　大肚线

图3-2-24　辫子线

图3-2-25　雪尼尔线

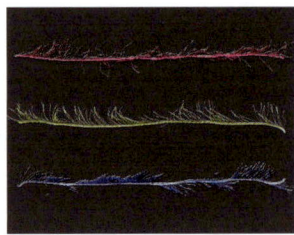

图3-2-26　羽毛纱

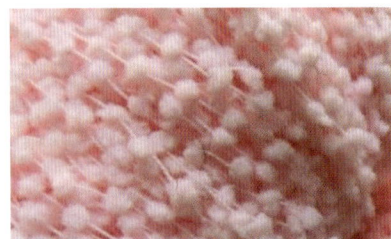

图3-2-27　乒乓线

图3-2-28　灯笼线

图3-2-29　带子线

图3-2-30　金银丝花式线

图3-2-31　各种色泽的金银丝花式线

除了上述两种分类方法外，还可以根据纺纱系统、纺纱方法或纱线用途来进行分类。

三、按纺纱系统分类

按照纺纱系统的不同，可分为精纺纱、粗纺纱和废纺纱这三类。

1.精纺纱

精纺纱也称精梳纱，是指通过精梳工序纺成的纱，包括精梳棉纱、精梳毛纱和精梳麻纱等。精纺纱中纤维平行伸直度高，短纤维含量少，条干均匀、光洁，纱线直径较细，成本较高，主要用于高端面料（图3-2-32）。

2.粗纺纱

粗纺纱是指通过一般的纺纱系统进行梳理而纺成的纱，不经过精梳工序，包括普梳棉纱和粗梳毛纱等。粗纺纱中短纤维含量较多，纤维平行伸直度差，结构松散，毛羽多，纱线直径较粗，品质比精纺纱差，但比较蓬松、丰满、保暖（图3-2-33）。

3.废纺纱

废纺纱是指用纺织下脚料（废棉）或混入低级原料纺成的纱。纱线品质差、松软、条干不均匀、含杂多、色泽差，一般用来织粗棉毯、厚绒布、包装布等较低端的产品。

四、按纺纱方法分类

按纺纱方法来进行分类，则有环锭纱、自由端纱、非自由端纱等（图3-2-34）。

1.环锭纱

环锭纱是指在环锭精纺机上，用传统的纺纱方法加捻制成的纱线。纱中的纤维多次内外径向

笔记

图3-2-32　精纺面料

图3-2-33　粗纺面料

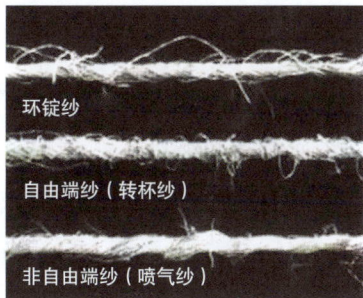
环锭纱
自由端纱（转杯纱）
非自由端纱（喷气纱）
图3-2-34　采用三种纺纱方法分别纺得的纱线

转移包绕缠结，纱线结构紧密，强度较高。随着环锭纺技术的更新和发展，近年来新型环锭纺纱包括紧密纺纱、赛洛纺纱和赛络菲尔纺纱等。

2.自由端纱

自由端纱是把纤维分离成单根并使其凝聚，在一端非机械握持状态下加捻成纱，因此称为自由端纱。典型代表有转杯纺纱、静电纺纱、涡流纺纱、喷气涡流纺纱和摩擦纺纱。

3.非自由端纱

非自由端纱是在对纤维进行加捻的过程中，纤维须条两端同时处于受握持状态下纺制的纱。这种新型纺纱方法主要包括自捻纺纱、喷气纺纱、黏合纺纱、平行纺纱等。

五、按纱线用途分类

按照纱线的用途进行分类，可分为机织用纱、针织用纱、起绒用纱和特种用纱。

1.机织用纱

用作机织面料的经纱时，要求捻度较大、强度较高、耐磨性较好，在织造过程中不会轻易被拉断或磨坏；纱线粗细要与纱线密度综合起来考虑，细的纱线一般适宜采用大一些的密度，否则面料稀薄影响品质；粗的纱线如果密度太大，则摩擦力太大而影响织造；此外，纱线粗细还要与钢筘的筘号相匹配，纱线不宜太粗，以保证能够顺利穿过一定排列密度的钢筘筘齿，并顺利打纬；在实践过程中，毛羽太多、太过光滑或者捻度不稳定的纱线也不适宜用作机织的经纱。

用作纬纱时，要求则没有经纱那么严格，可以捻度较小、强度较低、较为柔软。但在粗细、颜色、形态上需要与经纱相搭配，可以选择与经纱一致或类似的纱线，也可选择花式纱线，甚至是纱线以外的其他特殊材料。

2.针织用纱

用作针织面料时，要求纱线均匀度较高、捻度较小、不易纽结、疵点少、强度适中。

3.起绒用纱

用作起绒的纱线，要求纤维较长，捻度较小。

4.特种用纱

特种用纱是指特种工业用纱，如轮胎帘子线等。

了解了各种纱线的类型及其特征，可根据设计方案所需的面料外观效果和品质要求来选择并合理搭配纱线品种。

第三节　组织：织物组织类型及特征

一、三原组织

纱线通过织物组织来实现经纬交织，形成面料，表达主题，并呈现肌理、图案、色彩等外观效果和各种性能。

织物组织千变万化，妙趣横生。其中，最基本、最简单的是原组织，又称基本组织，是各种织物组织的基础，包括平纹、斜纹和缎纹三种组织，因此又称三原组织（图3-3-1）。

三原组织的结构参数同时具备以下条件：

（1）组织点飞数不变，即 $S=$ 常数。

（2）每根经纱或纬纱上，只有一个经（纬）组织点，其他均为纬（经）组织点。

（3）组织循环经纱数等于组织循环纬纱数，即 $R=R_j=R_w$。

由于三原组织的组织循环中，每根纱线只与另一系统的纱线交织一次，因此，当三原组织面料中的纱线性质、线密度、纱线密度等条件相同时，其组织循环纱线数 R 越大，纱线交织间隔距离就越大，面料就越松软而不紧密（图3-3-2）。

（一）平纹组织

平纹组织是所有织物组织中最简单的一种。其组织循环经纱数和组织循环纬纱数都等于2，经向飞数和纬向飞数为正负1（组织参数 $R_j=R_w=2$，$S_j=S_w=\pm 1$）。

平纹组织的交织结构示意图、纵截面图、横截面图如图3-3-3所示。图中方框包围的部分表示一个组织循环。"1""2"表示经纱的排列顺序，"一""二"表示纬纱的排列顺序。

在平纹的组织循环中，有两根经纱、两根纬纱，共

码3-3-1　三原组织

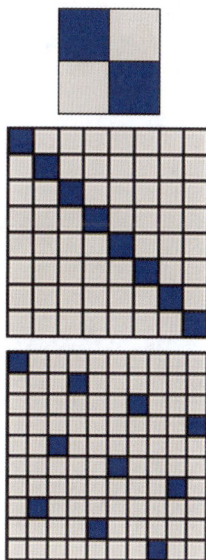

图3-3-1　三原组织

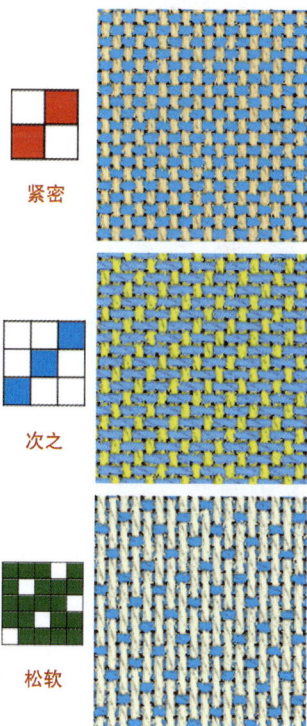

紧密

次之

松软

图3-3-2　三原组织的松紧差异

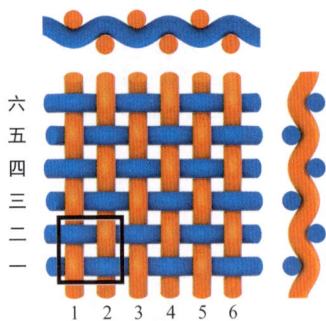

图3-3-3 平纹组织的示意图

图3-3-4 凸条效应

图3-3-5 稀密纹效应

笔记

有四个组织点，其中两个经组织点、两个纬组织点，经组织点数等于纬组织点数，所以属同面组织，面料正反面外观相同。

平纹组织可用分式$\frac{1}{1}$（习惯称作一上一下）来表示，其中左上方的分子表示经组织点，右下方的分母表示纬组织点。平纹组织的经纬纱每隔一根纱线就进行一次交织，因此在各种各样的织物组织中，平纹组织在面料中的交织最为频繁，屈曲最多，织成的面料挺括、坚牢，应用广泛。

平纹虽然简单，但是不乏各种各样具有特殊外观效应的平纹面料。

1.隐条隐格

利用不同纱线捻向对光线反射不同的原理，经纱采用不同捻向按一定的规律相间排列，在平纹面料表面会呈现若隐若现的纵向条纹，形成隐条。如果经纬纱都采用两种捻向的纱线相配合，则形成隐格效应。在精纺羊毛面料中经常采用该设计方法。

2.凸条效应

采用粗细不同的经纱或纬纱相间排列织成的平纹面料，表面会产生纵向或横向凸条纹。当经纱与纬纱都用不同粗细的纱线进行排列，可以形成凸条格子效应。该设计方法可以得到仿麻面料的外观效果（图3-3-4）。

3.稀密纹

利用穿筘密度的变化，一部分筘齿中穿入的经纱根数较多，另一部分筘齿中穿入的经纱根数较少，或结合空筘穿法，从而改变部分经纱的密度，获得稀密纹面料（图3-3-5）。

4.泡泡纱

通过张力不同的两个织轴，形成条纹排列的松紧经，使张力松的条纹起拱而获得泡泡纱的效应。通常，地经和泡经呈条形相间排列，地经采用一个织轴，泡经采用另一个织轴。地经送经量少，纱线张力大，因此地经区域的面料紧而短，表现为平整的地布；泡经送经量多，纱线张力小，相应区域的面料松而长，表现为起拱凹凸的绉纹条子，所以在面料表面形成有规律的泡泡状波浪形条纹（图3-3-6）。

5.起绉面料

利用不同捻向的强捻纱相互配合间隔排列织成面料，经后整理加工，可形成起绉效应（图3-3-7）。

6.烂花面料

通过局部腐蚀面料中的部分组分而形成局部半透明的花纹。纱线中常用两种耐酸碱性质不同的纤维，如涤棉包芯纱。在设计的花型位置做印酸处理，印酸处的棉纤维烂掉，只剩下涤纶长丝，此处面料变得轻薄透明，而没有印酸的位置则仍保持原状。此法加工的面料花型轮廓清晰，虚实凹凸立体感强，风格独特（图3-3-8）。

7.色织条格面料

采用不同颜色的经纱和纬纱进行排列，交织可以得到绚丽多彩的色织面料，在生活中应用十分广泛（图3-3-9）。

（二）斜纹组织

斜纹的组织图上具有由经组织点或纬组织点构成的斜线，其面料表面有斜向织纹。斜纹的组织循环经纱数和组织循环纬纱数大于或等于3，经向飞数和纬向飞数为正负1（组织参数 $R_j=R_w \geqslant 3$，$S_j=S_w= \pm 1$）。

构成斜纹的一个组织循环至少有三根经纱和三根纬纱。

斜纹组织一般可以用简明的分式来表示。分子表示组织循环中每根纱线上的经组织点数，分母表示组织循环中每根纱线上的纬组织点数，分子分母之和等

图3-3-6　泡泡纱

图3-3-7　起绉面料

图3-3-8　烂花面料

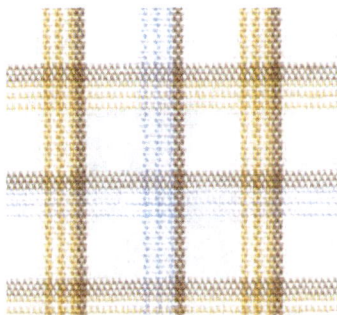

图3-3-9　色织条格面料

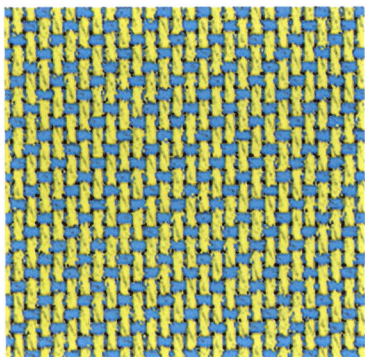

图3-3-10 二上一下右斜纹
($\frac{2}{1}\nearrow$)

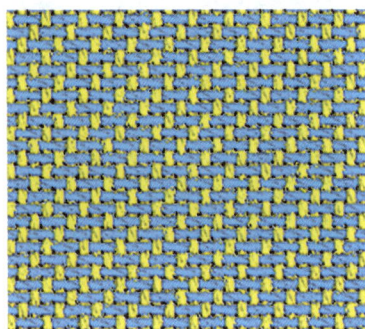

图3-3-11 一上二下右斜纹
($\frac{1}{2}\nearrow$)

图3-3-12 三上一下右斜纹
($\frac{3}{1}\nearrow$)

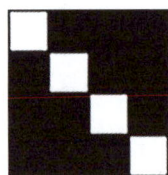

图3-3-13 三上一下左斜纹
($\frac{3}{1}\nwarrow$)

于组织循环纱线数R。在原组织斜纹分式中，分子或分母中必有一个等于1。当分子大于分母时，其组织图中的经组织点占多数，为经面斜纹（图3-3-10）；当分子小于分母时，纬组织点占多数，为纬面斜纹（图3-3-11）。

图3-3-12中的斜纹方向指向右上方，称为右斜纹，在表示斜纹组织分式的右侧画一个向右上方的箭头表示斜纹方向，例如三上一下右斜纹（$\frac{3}{1}\nearrow$）。

如果斜纹方向指向左上方（图3-3-13），称为左斜纹，在表示斜纹组织分式的右侧画一个向左上方的箭头表示斜纹方向，例如三上一下左斜纹（$\frac{3}{1}\nwarrow$）。

绘制斜纹组织时，可根据其分式的分子与分母之和，求出组织循环纱线数R，从而圈定大方格（图3-3-14）。然后以第一根经纱与第一根纬纱相交的组织点为起始点，在第一根经纱上按照分式给出的经纬交织规律填绘经组织点。再按飞数逐根填绘其他经纱上的相应经组织点；即按照斜纹方向，以第一根经纱的组织点为依据，如果为右斜纹，则向上平移一格（$S=+1$）填绘下一根经纱的组织点；如果为左斜纹，则向下平移一格（$S=-1$）填绘下一根经纱的组织点，直至达到组织循环为止。

斜纹组织的循环和浮长比平纹组织大，在纱线材料、规格及排列密度相同的情况下，斜纹面料的硬挺度、坚牢度不如平纹面料，但手感相对较柔软。

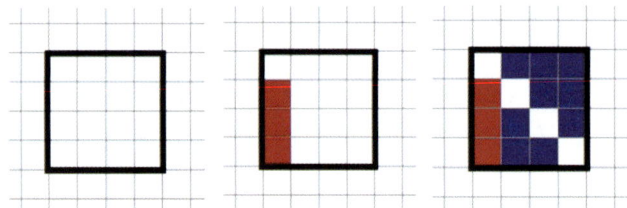

图3-3-14 三上一下左斜纹（$\frac{3}{1}\nwarrow$）的绘图步骤

斜纹面料的纱线排列密度可以比平纹面料的大。斜纹线的倾斜角度随着经纬密度比值的大小而变化，如图3-3-15所示。

（三）缎纹组织

相比平纹和斜纹，缎纹组织的特点在于相邻两根纱线上的单独组织点相距较远，而且所有的单独组织点分布有规律。在面料上，缎纹组织的单独组织点往往被与其相邻的经浮长线（或纬浮长线）遮盖，较少露出。因此，面料表面主要呈现平直松软的经（或纬）浮长线，布面平滑匀整、富有光泽、质地柔软（图3-3-16）。

缎纹组织的参数有以下基本要求：

（1）组织循环纱线数$R \geq 5$（6除外）。

（2）$1 < 飞数 S < R-1$，并在整个组织循环中始终保持不变。

（3）R与S必须互为质数，两者没有公约数。

在原组织缎纹的组织循环中，任何一根经纱或纬纱上仅有一个经组织点（或纬组织点），而这些单独组织点彼此相隔较远，分布均匀。为此，组织循环纱线数小于5的、组织循环纱线数为6的均无法形成规则的原组织缎纹。

与斜纹的表示法不同，缎纹采用分式表示时，分子表示组织循环纱线数（或称枚数）R，分母表示飞数S。缎纹组织也有经面缎纹与纬面缎纹之分。飞数有按经向计算和按纬向计算两种方式，经向飞数多数用于经面缎纹，纬向飞数多数用于纬面缎纹。如图3-3-17所示，枚数$R=5$，经向飞数$S_j=3$，用$\frac{5}{3}$表示，称五枚三飞经面缎纹。图3-3-18为纬向飞数$S_w=2$的五枚纬面缎纹。

绘制缎纹组织图时，以方格纸上圈定的$R_j=R_w=R$大方格的左下角为起始点（图3-3-19）。

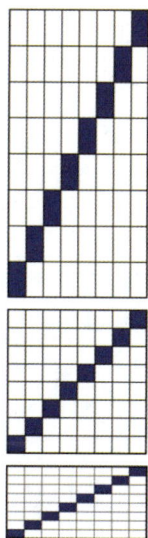

图3-3-15　相同组织不同经纬密度比的斜纹线倾角变化

图3-3-16　缎纹面料外观

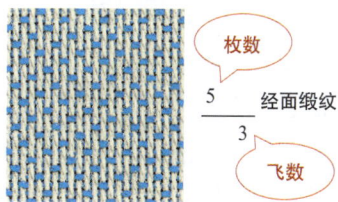

图3-3-17　经面缎纹表示方法

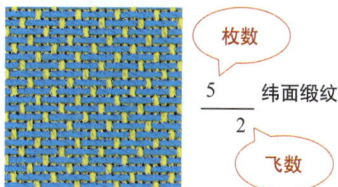

图3-3-18　纬面缎纹表示方法

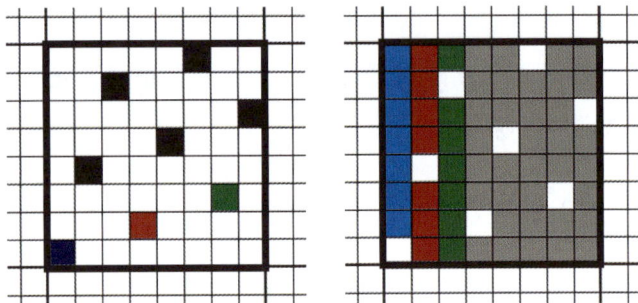

图3-3-19 $\frac{8}{3}$纬面缎纹、$\frac{8}{3}$经面缎纹组织的画法

若按纬向飞数绘图，可从起始点向上移一根纬纱（即上方相邻一行）向右数S_w个小方格，就是第二个单独组织点的位置；然后再以此为新的基准点，继续向上移到相邻纬纱上，向右数S_w个小方格，找到第三个组织点；依此类推，直至达到一个组织循环为止。

若按经向飞数绘图，可从起始点向右移一根经纱（即右侧相邻一列）向上数S_j个小方格，即找到第二个单独组织点的位置；再以此为新的基准点，移到其右侧相邻经纱，向上数S_j个小方格，找到第三个组织点；以此类推绘制一个完整循环。

同等条件下，缎纹组织循环越大，浮长越长，面料越柔软、平滑、光亮，但坚牢度则越低。

缎纹面料的经纬排列密度可以比平纹、斜纹面料更大。对于经面组织的面料，为了突出经面效应，通常经密大于纬密；同理，对于纬面组织的面料，为了突出纬面效应，纬密应大于经密。

缎纹组织虽不像斜纹组织那样有明显的斜向，但面料表面仍会存在一个主斜向。其斜向随飞数的变化而变化（图3-3-20）。可以根据面料风格的需求，调整飞数大小，使得斜向隐藏或显露，也可使斜向向左或向右。

三原组织虽然简单，但以此为基础加以变化或联合使用几种组织，可以得到各种各样的组织结构。例如，有的组织能形成小花纹的外观，有的组织可使面料增厚，有的

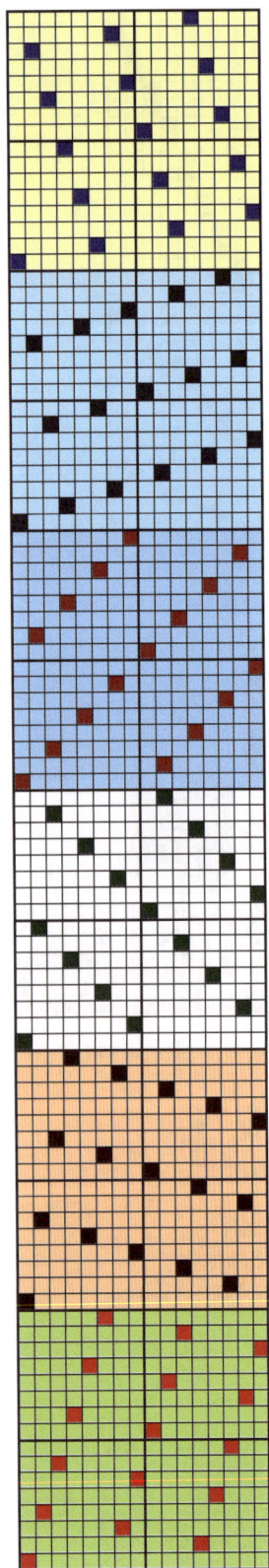

图3-3-20 不同飞数的
16枚缎纹组织

组织通过后整理可以起绒，有的组织能织出毛圈，有的组织能形成孔眼等。所以，三原组织是目前形形色色、变化无穷的所有组织结构的基石。

码3-3-2　变化组织

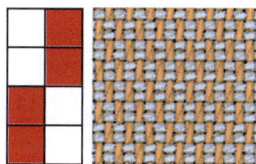

二、变化组织

变化组织是以三原组织为基础加以变化而获得的各种不同组织，例如改变组织的浮长、飞数、斜纹线的方向等。这些组织统称为变化组织。

变化组织可分为以下三类：

（1）平纹变化组织：包括重平、方平组织等。

（2）斜纹变化组织：包括加强斜纹、复合斜纹、角度斜纹、曲线斜纹、山形斜纹、破斜纹、菱形斜纹、锯齿斜纹、芦席斜纹等。

（3）缎纹变化组织：包括加强缎纹、变则缎纹、重缎纹、阴影缎纹等。

（一）平纹变化组织

在平纹组织的基础上，沿着经纱（或纬纱）的方向延长组织点，得到重平组织；沿经纱方向延长而形成的，称经重平组织（图3-3-21）；沿纬纱方向延长而形成的，称纬重平组织（图3-3-22）。

相比平纹面料，重平组织面料的外观呈现凸条纹。经重平面料表面呈现横向凸条纹，纬重平面料表面呈现纵向凸条纹。若经纬纱排列密度和线密度配置得当，则上述效应尤为明显，例如织经重平面料时采用较大的经密、较细的经纱和较粗的纬纱。

在平纹组织的基础上，沿经纬两个方向同时延长组织点，得到方平组织（图3-3-23）。对于方平组织，如果组织循环中的浮长不完全一致，称为变化方平组织（图3-3-24）。如果在浮长线上增加交织点，则可得到花式方平组织（图3-3-25）。

图3-3-21　$\frac{2}{2}$ 经重平组织及模拟图

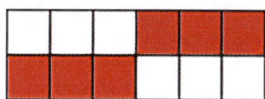

图3-3-22　$\frac{3}{3}$ 纬重平组织

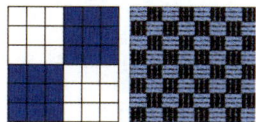

图3-3-23　$\frac{3}{3}$ 方平组织及模拟图

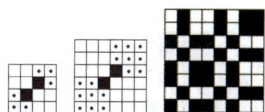

图3-3-24　变化方平组织图和复杂变化方平组织模拟图

图3-3-25　花式方平组织

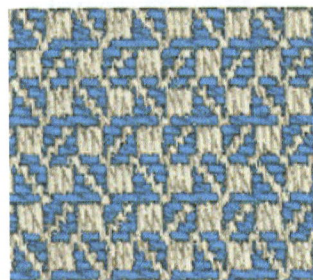

图3-3-26 花式变化方平
组织模拟图

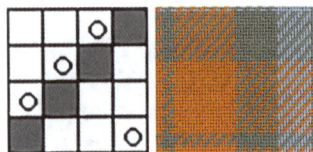

图3-3-27 由$\frac{1}{3}$右斜纹加

强得到的$\frac{2}{2}$右斜纹及模拟图

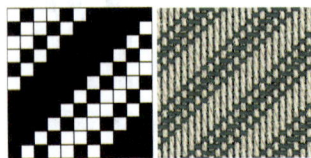

图3-3-28 复合斜纹及模拟图

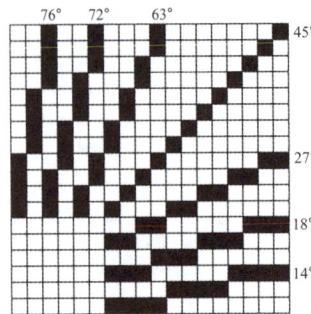

图3-3-29 飞数值与斜纹线
倾角的关系

图3-2-26为花式变化方平组织织物模拟图，将浮长变化和浮长线上增加交织点相互结合。

方平组织的面料外观比较平整，呈现大小相同或不同的方块形花纹。因为经纬浮长线比平纹长，排列有规律，所以面料表面光泽相对较好。

（二）斜纹变化组织

斜纹变化组织是在原组织斜纹的基础上加以变化得到的。采用延长组织点浮长、改变组织点飞数的数值或方向（即改变斜纹线的方向），或同时采用几种变化方法，可得到各种各样的斜纹变化组织。斜纹变化组织花型多变，美观大方。

加强斜纹是斜纹变化组织中最简单的一种，是在原组织斜纹的组织点旁（沿经向或纬向）延长组织点而形成（图3-3-27）。

复合斜纹是由两条或两条以上粗细不同的斜纹线组成（图3-3-28）。

对于飞数为±1的斜纹组织，当经纱密度等于纬纱密度时，斜纹组织斜线与纬纱的夹角为45°；当经纱密度大于纬纱密度时，夹角＞45°，斜线较为陡峭；当经纱密度小于纬纱密度时，夹角＜45°，斜线较为平缓。

当经纬纱密度不变，通过改变经纬向飞数值的方法，同样也可达到改变斜纹线倾斜角度的目的（图3-3-29）。增大经向飞数，得到的斜纹组织斜线的倾斜角度＞45°，称为急斜纹组织；增大纬向飞数，得到的斜纹组织斜线的倾斜角度＜45°，称为缓斜纹组织。

在角度斜纹中，如果使经向（或纬向）飞数成为一个变数，则斜纹线呈现曲线形外观，如图3-3-30所示。当经向飞数增加时，斜纹线的倾斜角增大；反之，斜纹线的倾斜角减小。

山形斜纹是以斜纹作为基础组织，变化斜纹线的方向（变化飞数正负符号），以第k_j（k_w）根纱线作为对称轴，使斜纹线的方向一半向右斜，一半向左斜，织出的面料纹路与山形相似。山形斜纹可按山峰指向的不同，分为经山形斜纹（图3-3-31）和纬山形斜纹（图3-3-32）两种。

破斜纹由左斜纹和右斜纹组成，它和山形斜纹的不同点在于左右斜纹的交界处有一条明显的分界线，在分界线两边的纱线，其经纬组织点相反，即在改变斜纹线方向的地方组织点不相同而呈间断状态（若一边为经组织点，则另一边为纬组织点），一般称此界线为断界（图3-3-33）。断界与经纱平行的称为经破斜纹，断界与纬纱平行的称为纬破斜纹。破斜纹面料呈现清晰的"人"字纹效应和条纹，应用较为普遍。

菱形斜纹是山形斜纹的进一步发展，在其组织图中有粗细相同或不同的斜纹线构成的菱形图案（图3-3-34）。菱形斜纹可采用经山形斜纹和纬山形斜纹的绘制方法形成，也可由经破斜纹和纬破斜纹联合而成。按照菱形斜纹组织的绘图原理，改变其基础组织，可以得到各种变化菱形斜纹（图3-3-35），花型更加活泼美观。

锯齿形斜纹也是由山形斜纹进一步变化而成的。山形斜纹的各山峰之顶位于同一水平线（或垂直线）上，而在锯齿形斜纹中，各山峰的峰顶处于一条斜线上（图3-3-36），各山形连接呈锯齿状。齿顶指向经

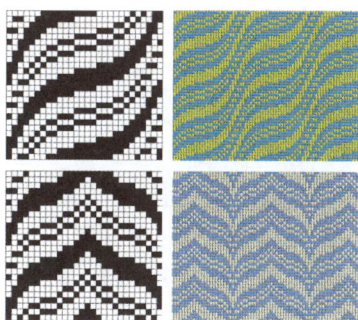

图3-3-30 曲线斜纹组织及模拟图

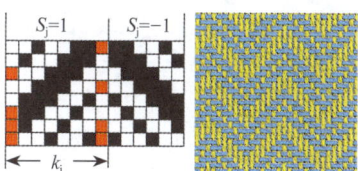

图3-3-31 经山形斜纹组织及模拟图

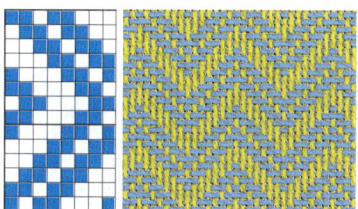

图3-3-32 纬山形斜纹组织及模拟图

图3-3-33 破斜纹组织及模拟图

图3-3-34 菱形斜纹组织及模拟图

图3-3-35 变化菱形斜纹组织

图3-3-36 锯齿形斜纹组织及模拟图

图3-3-37 芦席斜纹组织及
模拟图

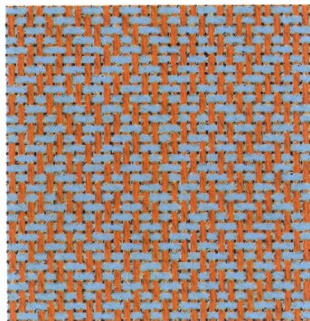

图3-3-38 4条左斜纹与4条
右斜纹组成的芦席斜纹组织

纱方向的称为经锯齿形斜纹；指向纬纱方向的称为纬锯齿形斜纹。

芦席斜纹也是通过变化斜纹线的方向，由一部分右斜纹和一部分左斜纹组合而成，其图形外观好像编织的芦席，故称为芦席斜纹（图3-3-37、图3-3-38）。

螺旋斜纹又称捻斜纹，是以起点不同的两个相同斜纹组织，或 R_j、R_w 相同的不同斜纹组织为基础，经纱（或纬纱）按1∶1穿插相间排列构成（图3-3-39）。若配以两种不同颜色的纱线，效果更加明显。选择两种基础组织时，尽量使构成的螺旋斜纹组织中各相邻的经纱（或纬纱）上的经纬组织点大部分相反，奇数和偶数经纱（或纬纱）所组成的斜纹线可以清晰地相互分离而不粘连，使面料外观呈现明显的螺旋纹路。螺旋斜纹也可以分为经螺旋斜纹和纬螺旋斜纹。

阴影斜纹是指由纬面斜纹逐渐过渡到经面斜纹，再（或者）由经面斜纹逐渐过渡到纬面斜纹，得到的斜纹变化组织（图3-3-40）。其面料表面呈现由明到暗和（或）由暗到明的光影层次感，在提花面料中经常应用。

夹花斜纹是在斜纹组织中配以方平、重平或其他小花纹组织，使面料外观活泼、优美，增加花色品种（图3-3-41）。夹花斜纹的基础组织常为加强斜纹组织。

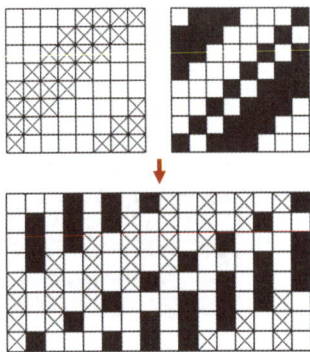

图3-3-39 螺旋斜纹组织

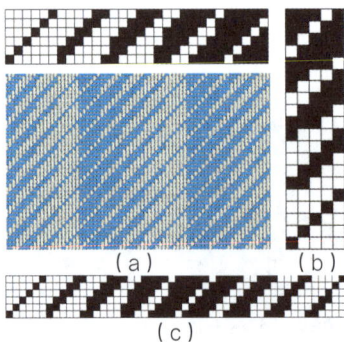

（a）　　　　（b）

（c）

图3-3-40 阴影斜纹组织及
模拟图

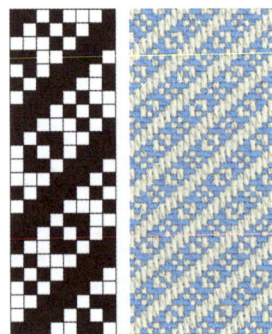

图3-3-41 夹花斜纹
组织及模拟图

飞断斜纹组织是以一种或两种斜纹为基础组织，按一种基础组织填绘数根纱线后，再填绘一定数量的另一基础组织的纱线（图3-3-42）。两部分斜纹在交界处断开，形成断界。经过几次填绘和飞跳，直到画完一个组织循环。飞断斜纹组织分为经飞断斜纹组织和纬飞断斜纹组织，斜纹断界与经纱平行的称为经飞断斜纹组织，斜纹断界与纬纱平行的称为纬飞断斜纹组织。

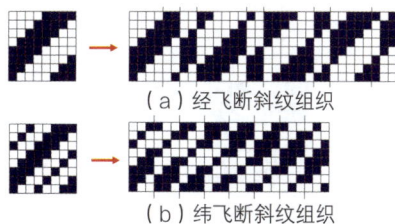

（a）经飞断斜纹组织

（b）纬飞断斜纹组织

图3-3-42　飞断斜纹组织

（三）缎纹变化组织

缎纹变化组织多数采用增加经（或纬）组织点、变化组织点飞数、延长组织点等方法得到。

加强缎纹是以原组织缎纹为基础，在单个经（或纬）组织点四周添加一个或多个经组织点（或纬组织点）而形成的（图3-3-43）。

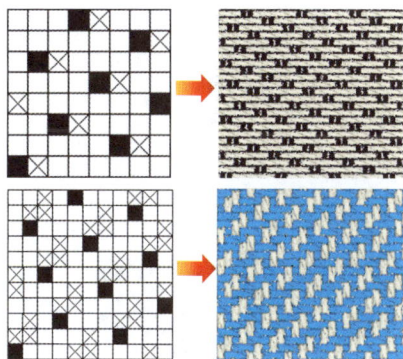

图3-3-43　加强缎纹组织及模拟图

与加强缎纹组织不同，重缎纹组织是通过增加缎纹组织的纬向（经向）组织循环纱线根数，也就是延长组织点的经向（纬向）浮长，使原本单独的组织点变成重复的点而得到的组织（图3-3-44）。

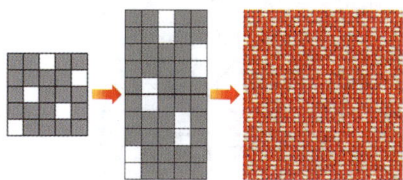

图3-3-44　重缎纹组织的形成及模拟图

对于原组织缎纹，其飞数不变，是一个常数，而变则缎纹的飞数在一个组织循环中则是变量，各相邻纱线上相应组织点之间的飞数会有所不同。通过这个方法，缎纹组织的循环大小 R 和飞数 S 可以不受互为质数的限制，也可以使某些织物组织的组织点分布更加均匀。有时为了获得特殊的面料外观，也会采用变则缎纹（图3-3-45）。

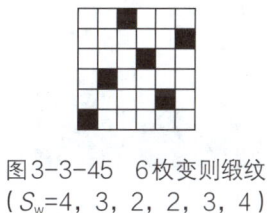

图3-3-45　6枚变则缎纹
（S_w=4，3，2，2，3，4）

与阴影斜纹组织类似，阴影缎纹组织是由纬面缎纹逐渐过渡到经面缎纹（图3-3-46）；或由经面缎纹逐渐过渡到纬面缎纹；或者由纬面缎纹逐渐过渡到经面缎纹，再过渡到纬面缎纹而得到的。

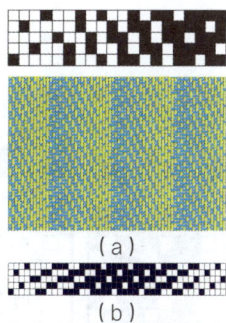

（a）

（b）

图3-3-46　阴影缎纹组织及模拟图

三、联合组织

联合组织是将两种或两种以上的组织（原组织或变化组织），按各种不同的方法联合而成的新组织。构成联合组织的方法是多种多样的，可以是两种组织的简单组合，也可以是两种组织纱线的交互排列，或者在某一组织上按另一组织的规律增加或减少组织点等。按不同的联合方法，可获得多种不同的联合组织，其中应用较广泛并具有鲜明外观效应的包括条格组织、绉组织、透孔组织、蜂巢组织、浮松组织、凸条组织、网目组织、平纹地小提花组织、配色模纹组织。

（一）条格组织

条格组织是用两种或两种以上的组织并列配置获得的。不同组织的面料外观不同，因此在面料表面呈现清晰的条或格的外观。

纵条纹组织（图3-3-47）是通过两种或两种以上的组织左右并列，不同的组织各自形成纵条纹，应用广泛。纵条纹组织在两个条纹的分界处应界限分明，在分界处的相邻两根经纱的组织点应尽量使其经纬组织点相反。

在设计纵条纹面料时，须避免所采用的各种组织的交错次数（或平均浮长）差异太大，否则将造成经纱织缩率的显著不同，导致面料表面松紧不一致。

方格组织是利用经面组织和纬面组织两种组织沿经向和纬向呈格形间跳排列布局而成（图3-3-48）。处于

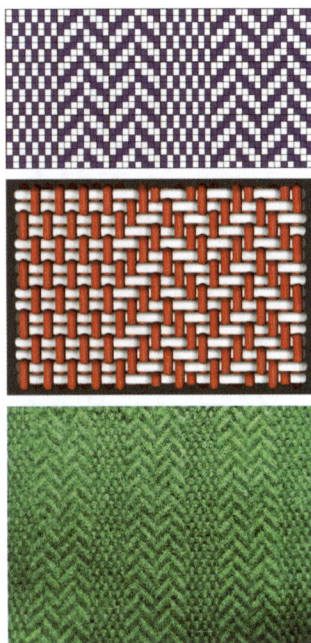

图3-3-47 纵条纹组织、模拟图及面料实物

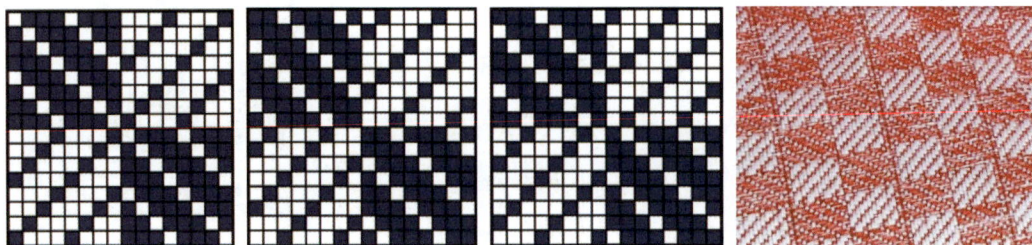

图3-3-48 起点位置不同的方格组织及面料实物

对角位置的两部分，排列相同的组织。在绘制这类组织时，也需要注意分界处界线分明，即分界处相邻两根纱线上的经纬组织点必须相反。方格组织格子的大小可以是相等的，也可以是不相等的（图3-3-49）。

格子组织由纵条纹组织及横条纹组织联合构成，面料表面呈方格花纹（图3-3-50）。

（二）绉组织

绉组织的纵横方向具有错综排列的不同长度的经纬浮长线，使面料表面形成分散且规律不明显的细小颗粒状外观，类似凹凸不平的皱纹，呈现绉效应（图3-3-51）。绉组织面料表面反光柔和，手感柔软，有弹性。

绉组织是通过组织结构设计而使面料表面形成绉效应的（图3-3-52）。面料起绉的其他方法也有多种，例如，利用物理、化学方法对面料进行后处理，使面料表面形成纵向、横向或不同花型的绉效应；利用织造时不同的经纱张力织缩率不同，使面料表面形成纵向起泡外观；利用捻向不同的强捻纱相间排列，再经过后整理，面料表面形成凹凸的起绉感；利用高收缩涤纶长丝与普通纱线间隔排列，形成纵向、横向或格形泡绉效果等。

为了形成效果较好的绉组织，须注意以下几点。

（1）面料表面的经纬组织点，避免出现明显的斜纹、条子或其他规律。不同长度的经纬浮线配置得越复杂，越能掩盖其规律性，面料表面的起绉效果就越好。因此，组织循环更大的绉组织往往会呈现更好的效果。但循环过大的组织则不利于生产的便利，应注意降低生产中的复杂程度，例如所需综页不宜过多，每页综的载荷（穿经根数）应尽量相近。

（2）在一个组织循环内，每根经纱与纬纱的交织次数应尽量一致，不宜相差过大，以使每根经纱的织缩率趋于一致。否则将影响梭口的清晰度及面料外观。

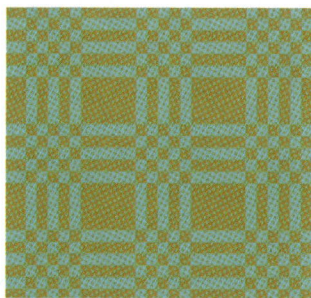

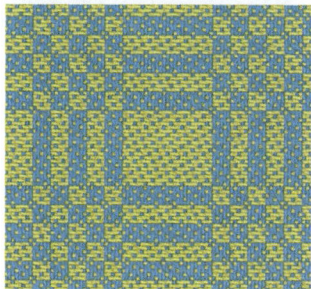

图3-3-49 方格组织及其织物模拟图

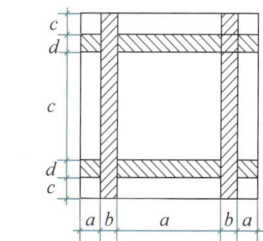

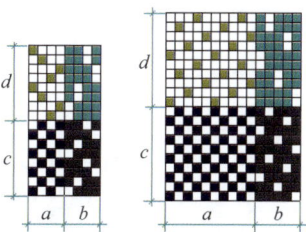

图3-3-50 格子组织

图3-3-51 起绉面料

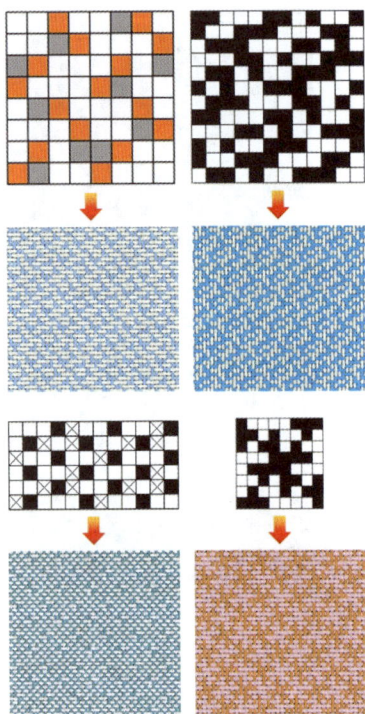

图3-3-52　几种绉组织及模拟图

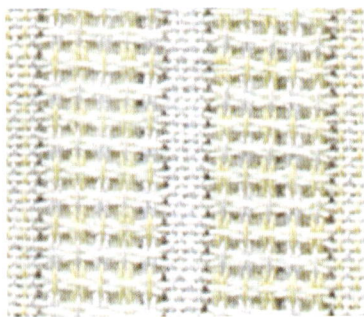

图3-3-53　含有透孔组织的面料

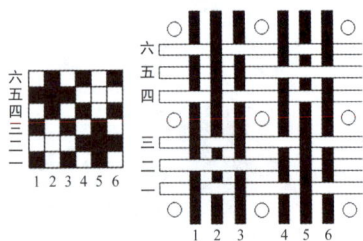

图3-3-54　透孔组织及结构图

（3）在组织图上，经（或纬）浮线不宜过长，不应有大量相同的组织点（经组织点或纬组织点）聚集在一起，以免影响起绉效果。

（三）透孔组织

透孔组织面料表面具有均匀分布的小孔（图3-3-53）。其外观与复杂组织中由经纱相互扭绞而形成孔隙的纱罗面料相似，因此又称假纱组织或模纱组织，但是其面料外观孔眼的稳定性不如纱罗组织。

由图3-3-54可以看出，第3与第4根经纱及第6与第1根经纱都是按平纹组织与纬纱交织的，其相邻组织点经纬相反，因此第3与第4根经纱之间及第6与第1根经纱之间排斥力较大，不容易互相靠拢。另外，第二与第五根纬纱的浮长线较长，结构较松，纱线能够互相靠拢。所以，第1、第2、第3根经纱靠拢在一起形成一组，第4、第5、第6根经纱也靠拢在一起形成另一组，两组之间（第3和第4根之间）则距离较远，会形成纵向缝隙。第6和第1根经纱之间也同样形成纵向缝隙。同理，在第三与第四根纬纱之间以及第六与第一根纬纱之间形成横向缝隙。因此，面料表面出现了孔眼。

透孔组织浮长线的长度对孔眼大小有很大的影响，浮长线越长，面料表面形成的孔眼越大。但浮长线太长，面料则过于松软，表面粗糙，影响使用。此外，纱线排列密度不宜太大，否则透孔效果不明显。为了增加孔眼效果，在穿箱时应将每组经纱穿入同一箱齿内（图3-3-55），甚至可以在每组经纱之间空出1～2个箱齿。纬向可采用间歇卷取的方法，使一组纬纱内密度较大而每组纬纱间留有空隙。

在实际生产和应用中，还将其他组织与透孔组织联合，构成各种花型优美的花式透孔组织，如

图3-3-56所示。

（四）蜂巢组织

蜂巢组织面料的表面具有规则的边部凸起中间凹陷的四方形凹凸花纹，形状犹如蜂巢（图3-3-57）。

这类组织的面料之所以能形成边部凸起中间凹陷的蜂巢形外观，是因为在它的一个组织循环内，有紧组织（交织点多）和松组织（交织点少），两者逐渐过渡，相间配置。在平纹组织处，因交织点最多，所以较紧、较薄；在经（或纬）浮长线处，没有交织点，纱线起拱，面料较松、较厚（图3-3-58）。组织图上的"甲"区域，在以"甲"区域为中心的平纹组织的上面和下面均是浮于面料表面的经浮长线，而在其左面和右面也是浮于面料表面的纬浮长线，所以把"甲"区域带起而处于面料表面凸起的部分。而图中的"乙"区域则是凹下的位置，在平纹组织以"乙"区域为中心的上面和下面是纬浮长线（即在面料背面是经浮长线），在其左面和右面是经浮长线（即在面料背面是纬浮长线），因此把平纹

图3-3-55　几种透孔组织及穿筘图、穿综图

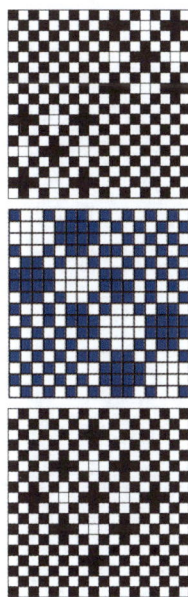

图3-3-56　几种花式透孔组织

图3-3-57　蜂巢组织面料外观

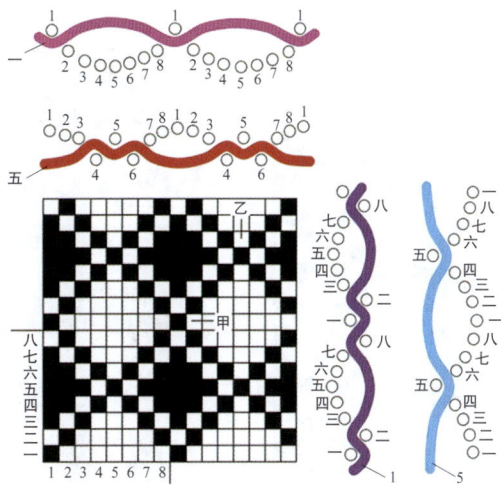

图3-3-58　蜂巢组织及其截面图

在面料反面带起，而在面料正面凹下。另外，因经纬浮长线是逐渐变短过渡到平纹组织的，所以面料表面的凹凸程度也是逐渐过渡的，由此形成蜂巢形外观。由其纵、横截面图也可看出蜂巢组织外观的形成。

蜂巢组织经过变化之后可以得到变化蜂巢组织（图3-3-59），但须保证在菱形斜纹对角线构成的四部分位置中，一组对角部分为经组织点，而另一组对角部分为纬组织点，这样才能形成蜂巢外观。

（五）浮松组织

浮松组织是由紧密的平纹组织和浮长线较长的松软组织联合而成，其面料具有风格粗犷而松软的特点。可分为规则浮松组织（图3-3-60）和变化浮松组织（图3-3-61）。

规则浮松组织由四个部分组成，两个对角区域组织相同。其中的一个对角区域是平纹组织，另一个对角区域是具有长浮线的组织。

变化浮松组织的循环大小为偶数的两倍，面料表面由平纹、经浮长线、纬浮长线组合而成，对角部分可以相同，也可以不同。

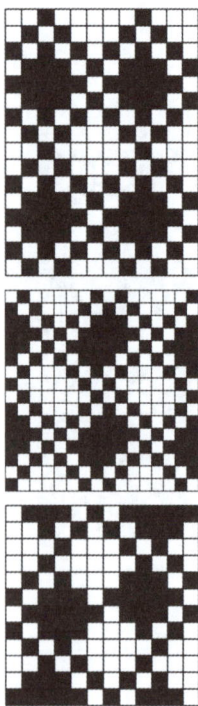

图3-3-59　变化蜂巢组织

图3-3-60　规则浮松组织

图3-3-61　变化浮松组织及面料

（六）凸条组织

面料正面具有纵向、横向或倾斜方向凸起的条纹，而反面则为纬纱或经纱的浮长线组织，称为凸条组织。凸条组织通常由浮线较长的重平组织和另一种简单组织联合而成。其中简单组织起固结浮长线的作用，并形成面料的正面，所以称为固结组织。如固结纬重平中的纬浮长线，则得到纵凸条纹（图3-3-62）；固结经重平的经浮长线，则得到横凸条纹。在凸条组织中，作为基础组织的重平组织，其浮长线的长度不宜少于四个组织点，如果浮线太短，凸条就不明显。

凸条隆起程度受基础组织浮长线及纱线张力的影响，同时也受面料密度的影响。浮长线长，凸条效应明显；增大浮长线这一纱线系统的张力，凸条效应也会更明显。面料密度大，特别是显现凸条纹的那一系统纱线密度大，凸条效应明显。

为了增强凸条效应，有时在两个凸条之间加入两根平纹组织的经纱，或在凸条的内部加入几根较粗的纱线作为芯线（图3-3-63）。芯线位于凸条的下面、纬浮长线的上面，不与任何一根纬纱交织，只起衬垫作用。

凸条组织除横凸条、纵凸条组织外，还可以构成斜向凸条、横纵联合凸条、菱形凸条等花式凸条组织（图3-3-64）。无论哪一种变化方法，凸条组织都是由基础组织和固结组织构成的。

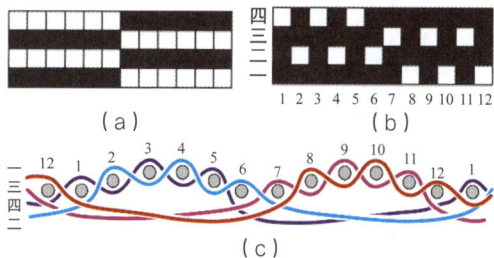

图3-3-62 纵凸条组织及截面

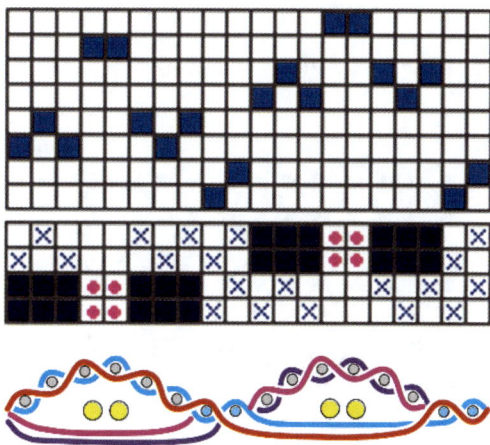

图3-3-63 具有芯线的凸条组织

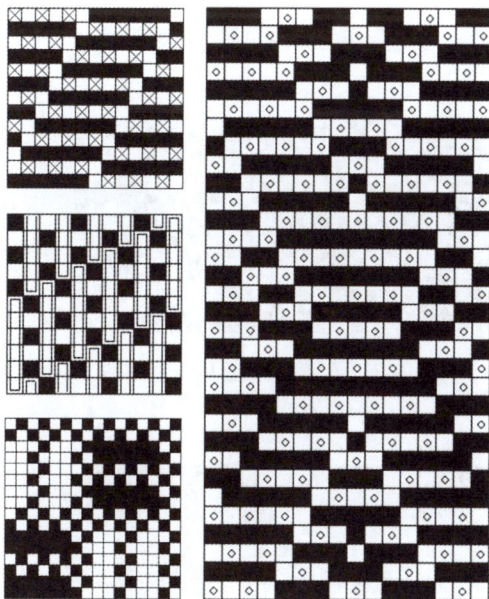

图3-3-64 几种花式凸条组织

图3-3-65　网目组织的面料外观

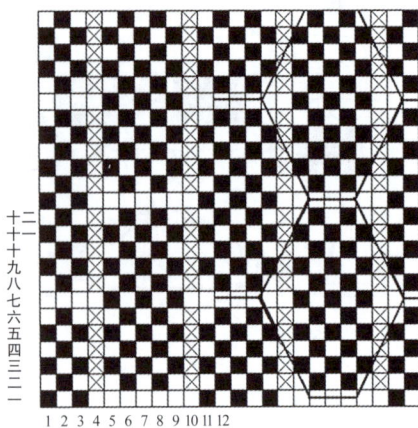

十二十一十九八七六五四三二一

1 2 3 4 5 6 7 8 9 10 11 12

图3-3-66　经网目组织示意图

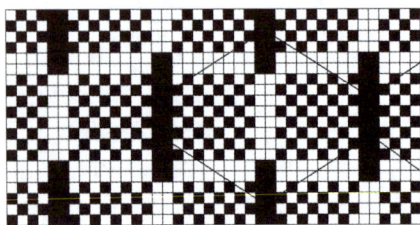

图3-3-67　纬网目组织示意图

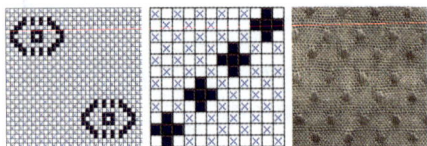

图3-3-68　平纹地经起花组织

（七）网目组织

网目组织的面料常以平纹为地组织，每间隔一定的距离，有曲折的经（纬）浮长线浮于面料表面，形状如网络（图3-3-65）。

如图3-3-66所示的经网目组织，其面料网状外观的形成主要是由于第4根及第10根经纱倾斜地浮在第二至第六根纬纱上构成的平纹上面。第一根纬纱在第4至第10根经纱交织处呈纬浮长线，因此第4根经纱与第10根经纱在此处倾向于移至纬浮长线下方的空间而产生曲折；同样，第七根纬纱在第10根至下一个组织循环的第4根经纱处也呈纬浮长线，因此第10根经纱与下一个组织循环的第4根经纱在此处移入纬浮长线下方空间而产生倾斜曲折，如图3-3-66右半部的粗黑线所示。第一、第七根纬纱因具有纬浮长线，对第4、第10两根经纱产生拉拢作用，这两根纬纱称为牵引纬，而被拉拢的两根经纱称为网目经。如果网目纱是经（纬）纱，则牵引纱必定为纬（经）纱。

由网目纬纱曲折而形成的称为纬网目组织。面料表面曲折的纬纱外形如图3-3-67中右半部的粗黑线所示。其外观效应的形成原理与经网目组织相似。

（八）平纹地小提花组织

在平纹地上配置各种小花纹，就构成了平纹地小提花组织，其面料应用非常广泛。小花纹可以由经浮长线构成，即经起花组织（图3-3-68）；也可以由纬浮长线构成，即纬起花组织（图3-3-69）；或经纬浮长线联合构成

（图3-3-70）；还可以由透孔（图3-3-71）、蜂巢等组织起花纹。花纹形状多种多样，可以是散点，也可以是各种几何图形；花纹布局可以是条形（图3-3-72）、斜线、曲线、山形、菱形等。

设计平纹地小提花组织时，可先确定面料花纹纹样、起花方法，再根据花纹尺寸、经纬密度确定组织循环纱线数，然后在平纹地组织的基础上改变起花部分的某些组织点，使之形成清晰的花纹。

在设计中，应尽量使这类面料外观细洁、紧密、不粗糙，花纹不过分突出，面料整体以平纹地为主，适当加入小提花组织。可根据不同部位花纹效果的需要，配合使用不同品种的色纱。当经纬纱原料相同时，常采用经起花使花纹更清晰，因为经密一般大于纬密，经纱质量也比纬纱好。

设计平纹地小提花组织时还应注意以下方面。

（1）花、地组织配合时，花、地交界应清楚而不粘连，使花纹清晰不变形。所以平纹地小提花的浮长线长度以奇数为宜。

（2）起花部分的浮长线不宜太长，否则会失去组织细洁、紧密的特点，面料牢度也会受到影响。经纱浮长一般不超过3个组织点，最多用5个组织点；纬纱浮长线可稍微长一些。

（3）使花型尽量美观的同时，须注意使用的综页数不应超过织机的最大容量。

（4）起花部分的经纱与平纹部分的经纱交织次数不宜相差太大，以便于单轴织造，减少工艺的复杂性。一般经纱平均浮长应控制在1～1.3。

（5）每次开口提综数尽可能均匀，因此花型的布局应相对均匀分散。

（6）起花部分只起点缀的作用，所以面料的密度一般可与平纹组织相同。

图3-3-69　平纹地纬起花组织

图3-3-70　平纹地经纬共同起花

图3-3-71　由透孔组织起花的平纹地小提花面料

图3-3-72　条形布局的平纹地小提花面料

图 3-3-73　配色模纹
组织的面料

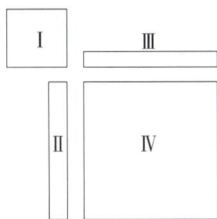

图 3-3-74　配色
模纹绘图的四个分区图

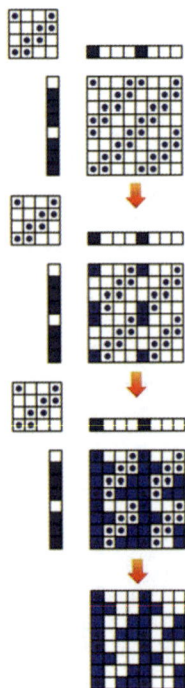

图 3-3-75　配色
模纹图绘制步骤

（九）色纱与组织的配合——配色模纹组织

面料的外观不仅与组织结构有关，而且与经纬纱的颜色配合有关。利用不同颜色的纱线与织物组织相互配合，在面料表面能构成有别于单纯组织结构图案的各种花形，在不增加综框页数的情况下，使花色更加复杂多变、形态各异，面料更加丰富多彩、精美立体。

采用两种或两种以上的色纱与组织相配合，在面料表面可以产生配色模纹（图 3-3-73）。各种颜色经纱的排列顺序简称色经排列顺序，该排列顺序完整重复一次所包含的经纱根数称为色经循环。各种颜色纬纱的排列顺序简称色纬排列顺序，重复一次所包含的纬纱根数称为色纬循环。配色模纹的循环大小应等于色纱循环和组织循环的最小公倍数。

配色模纹可用意匠纸分成四个区来表示（图 3-3-74）。图中左上方的 I 区表示组织图，左下方的 II 区表示各色纬纱的排列顺序，右上方的 III 区表示各色经纱的排列顺序，右下方的 IV 区表示所形成的面料外观，即配色模纹图。绘制方法与步骤如下（图 3-3-75）。

（1）确定组织图、色经循环和色纬循环。

（2）在分区图的 I 区、II 区、III 区相应位置内分别绘制组织图、色经及色纬的排列顺序。

（3）在 IV 区配色模纹循环内填绘组织图。

（4）将 IV 区组织图中各个纵列的经组织点依次涂成相对应的色经的颜色。

（5）将 IV 区组织图中各行的纬组织点依次涂成相对应的色纬的颜色，即可获得面料的外观花色效应。

配色模纹图小方格中的记号或填色，只表示某种颜色的经或纬所呈现的面料表面外观颜色效应，并非组织图中所表示的经纬纱交织概念。

根据组织与色纱相互配合得到的配色模纹图的具体外观特征，常用的种类如下。

（1）条形花纹：由两种或两种以上的色纱在面料中排列成纵向或横向的条纹（图3-3-76）。

（2）梯形花纹：由纵向条纹与横向条纹交错联合构成的，花纹呈楼梯形排列（图3-3-77）。

（3）小花点花纹：形成明显的有色小花点效果，又称鸟眼花纹（图3-3-78）。

（4）犬牙花纹：图案看起来像许多小鸟的形状，又称千鸟格（图3-3-79）。

（5）格子花纹：多为纵条纹和横条纹配合而成（图3-3-80）。

除了上述的几种花型，还可设计出很多千变万化、异彩纷呈的花型图案。

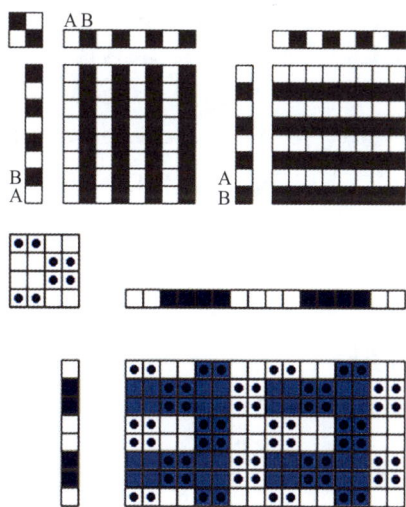

图3-3-77　梯形花纹配色模纹及模拟图

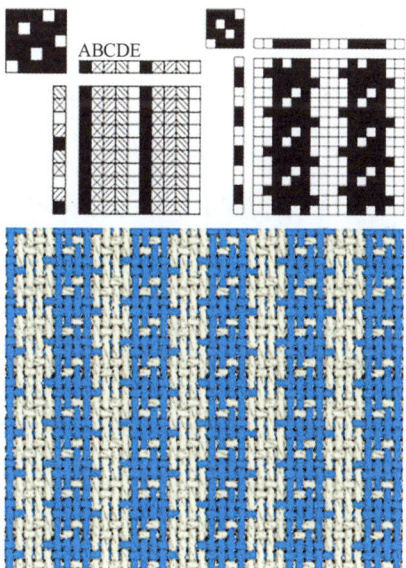

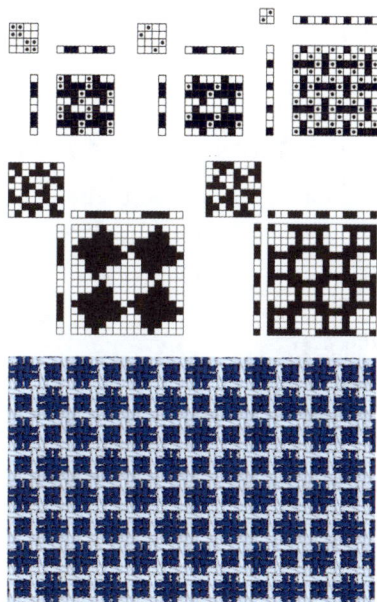

图3-3-76　条形花纹配色模纹及
　　　　　模拟图

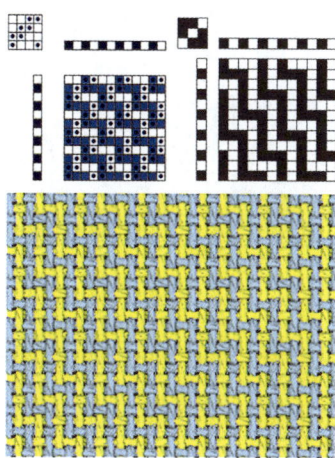

图3-3-78　小花点花纹配色模纹及模拟图

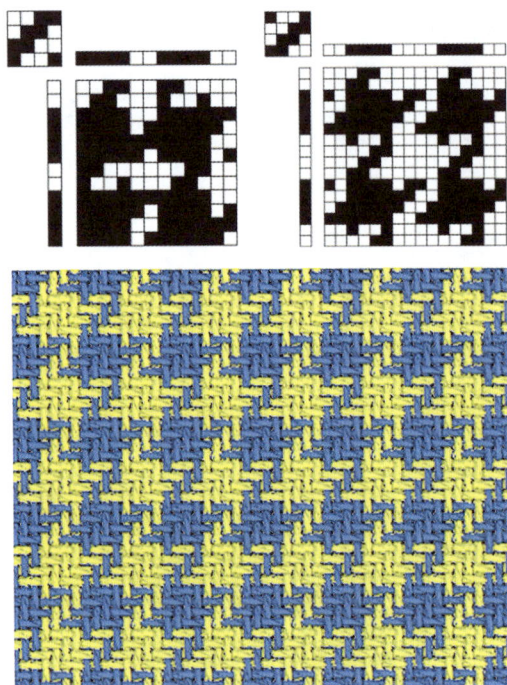

图3-3-79 犬牙花纹配色模纹及模拟图

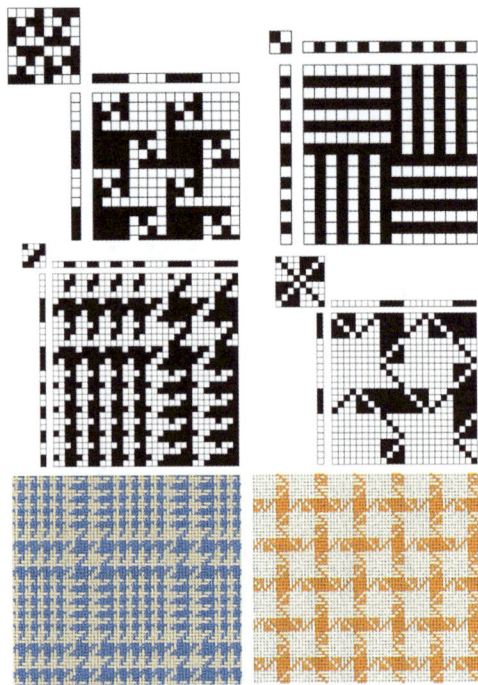

图3-3-80 格子花纹配色模纹及模拟图

码3-3-5 复杂组织

码3-3-6 复杂组织
（重组织）

码3-3-7 复杂组织
（双层及多层组织）

码3-3-8 复杂组织
（其他类别）

四、复杂组织

在复杂组织的经纱和纬纱中，至少有一种是由两个或两个以上系统的纱线组成。可以通过面料表、里的材料及结构配合，综合搭配，扬长避短，获得更为多样、性能优异的面料。

原组织、变化组织和联合组织虽然种类很多，构造各异，但都是单层的，由一个系统的经纱和一个系统的纬纱所构成，因此在绘图、上机和织造方法上都比较简单。而复杂组织的纱线系统则相对比较复杂。

复杂组织的主要构成方法如下。

（1）利用若干系统的经纱和一个系统的纬纱，或一个系统的经纱和若干系统的纬纱构成。各系统经纱之间或纬纱之间呈相互重叠的配置。

（2）利用若干系统的经纱以及若干系统的纬纱共同构成。可制成两层或两层以上的面料，层与层之间根据需要可以分开，也可以按一定方法接结在一起。

（3）利用另一系统的特殊经纱或纬纱与地组织构成复杂组织。这些经纱或纬纱在织造或整理过程中被割开或部分被割开，割开的纱头可在面料表面形成竖立的毛绒。

（4）利用两个系统经纱和一个系统纬纱，结合两个系统经纱张力差异和送经量大小的不同，并配合特殊打纬方法，在面料表面形成毛圈。

（5）利用两个系统经纱之间的相互扭绞，与一个系统的纬纱织成具有稳定孔眼的面料。

复杂组织种类繁多。各种原组织、变化组织、联合组织，都可成为复杂组织的基础组织。根据复杂组织结构的不同，主要分为重组织、双层组织、多层组织、凹凸组织、起毛组织、毛巾组织、纱罗组织。

（一）重组织

重组织可以分为重经组织（图3-3-81）与重纬组织（图3-3-82）。重经组织由两个或两个以上系统的经纱与一个系统的纬纱交织而成。重纬组织由一个系统的经纱与两个或两个以上系统的纬纱交织而成。纱线在重组织面料中呈重叠状配置。

重组织面料具有以下几方面的作用。

（1）织成双面面料，包括正反面具有相同组织、相同色彩的同面面料及不同组织或不同色彩的异面面料。

（2）织成表面具有不同色彩或不同原料所形成的色彩丰富、层次多变的花纹面料。

（3）经纱或纬纱组数的增加可美化面料外观，也可提高面料重量、厚度、牢度、保暖性等。

1.经二重组织

经二重组织由两个系统的经纱（表经和里经）与一个系统的纬纱交织而成。

（1）设计经二重组织的原则如下。

①表组织与里组织的选择。经二重组织面料正反两

笔记

图3-3-81　重经组织
（经二重）

图3-3-82　重纬组织
（纬二重）

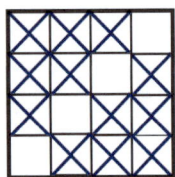

图3-3-83　表组织

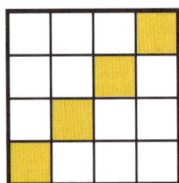

图3-3-84　里组织

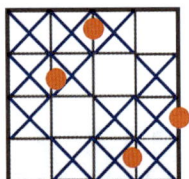

图3-3-85　调整里组织起点

图3-3-86　调整后的里组织

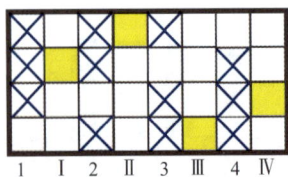

1　Ⅰ　2　Ⅱ　3　Ⅲ　4　Ⅳ

图3-3-87　表里穿插的完整
经二重组织

笔记

面均显经面效应，其基础组织可以相同，也可不相同，但能够相互匹配。

②表经浮长线与里经组织点的位置关系。为了在面料正反两面均具有良好的经面效应，使面料表面的花纹清晰显现，表经的经组织点必须将里经的经组织点遮盖住，以显示所需的表经颜色或特征，这就要求里经的经组织点位置落在相邻表经的两浮长线之间，以便隐藏于表经浮长线之下。此外，纬纱的屈曲应尽可能地小而均匀。

③表里经纱排列比。根据面料质量及使用目的来确定两者的比例。

④组织循环纱线数。经二重组织的组织循环纱线数应使表组织和里组织都能达到完整循环。

（2）绘制经二重组织的方法如下。

在绘制复杂组织时，按照织造时经纬纱铺展的情形，将表、里经纱置于同一平面上。

① 根据已知的表组织（图3-3-83），确定能与之相配合的里组织（图3-3-84）。为了使面料的正面和反面都不露出另一个系统经纱的短浮点（又称接结痕迹），可画辅助图确定里组织的组织点配置（图3-3-85、图3-3-86）。

② 按已知表组织与里组织及表里经纱排列比求得组织循环经纬纱线数。

③ 在一个组织循环内，按表里经纱排列比划分表里区，并用数字分别标出（图3-3-87）。例如：1、2、3……对应表经，Ⅰ、Ⅱ、Ⅲ……对应里经。

④表经与纬纱相交处填入表面组织，里经与纬纱相交处填入里组织。

（3）设计经起花组织的原则如下。

局部采用经二重组织的经起花组织，起花部分的组织是按照花纹要求在起花部位由两个系统经纱（即花经和地经）与一个系统纬纱交织（图3-3-88）。起花时，花经与纬纱交织使花经浮在面料表面，利用花经浮长变化构成花纹；不起花时，该花经与纬纱交织形成纬浮点，即花经沉于面料反面。起花以外部分为简单组织，仍由地经与纬纱交织而成。这种局部起花的经起花面料大都呈现条子或点子花纹。

此外，也有起花部位遍及全幅的经起花面料，其花经分布在全幅形成满地花纹（图3-3-89）。

（4）设计经起花组织应注意以下原则。

①经起花部位由经组织点构成，根据花型要求，经组织点的连续数量，根据花型要求少则一个，多则五个甚至更多。当经起花部位经向间隔距离较长，即花经在面料反面浮线较长时，浮线松软易断导致面料不牢固。为此，一般需要间隔一定距离加一个经组织点，与纬纱交织一次，这种组织点称为接结点。

②地组织可按面料品种、花型要求而定。厚实的面料，地组织往往采用变化组织、联合组织等；较薄的面料，地组织多采用平纹。平纹组织交织点多，地布平整，并且均为单独组织点，花型无论大小都容易与接结点相互配合。为了花型突出，应该确保地布平整，地组织的浮线不干扰花经的长短浮线。

③花经的接结点应根据花型的要求进行合理配置。当花经接结点与两侧地经组织点相同时，即均为经组织点，则接结点可不显露；当花经接结点与其中一侧地组织的组织点相同时，即两侧地经的组织点分别为一经一纬，则接结点轻微显露；当花经接结点与两侧地组织的组织点均不相同时，即两侧地经均为纬组织点，则接结点会完全显露。但也有不少面料巧妙利用接结点的显露，构成花型的一部分，例如构成一种衬托的隐条纹，增加花型的层次和立体感（图3-3-90）。这在经起花面料上也较为常见。

④花经与地经的排列比，可根据花型要求、面料品

图3-3-88　经起花组织的正面、反面及整体效果模拟

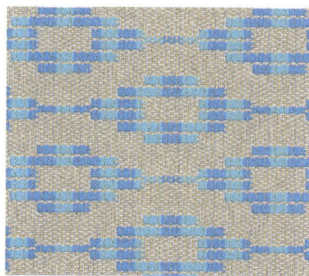

图3-3-89　全幅经起花组织面料模拟图

图3-3-90　经起花组织面料

种来确定。常用的排列比为1:1、1:2、2:2、1:3等。根据花型要求也可采用多种排列比相结合。

⑤花型配置的大小及稀密，应考虑美观、坚牢、织造条件等。例如起花经浮线过长，则会影响面料的坚牢度。

2.纬二重组织

纬二重组织由两个系统的纬纱（即表纬和里纬），与一个系统的经纱交织而成（图3-3-91）。表纬与经纱交织构成表组织，里纬与同一经纱交织构成里组织。

（1）设计纬二重组织需注意的原则。

①表组织与里组织的选择：纬二重组织面料正反两面均显纬面效应，其基础组织可相同或不同，表组织多为纬面组织，里组织为经面组织（图3-3-92）。

②表纬浮长线与里纬组织点的位置关系：为了在面料正反面获得良好的纬面效应，表纬的纬浮线必须将里纬的纬组织点遮盖住，因此里纬的纬组织点应落在相邻表纬的两浮长线之间，如图3-3-92所示。

③表里纬排列比：根据表里纬纱的线密度、基础组织的特性以及织机梭箱装置的条件等来确定表里纬排列比。常用的排列比为1:1、2:1、2:2、1:3等。例如，面料正反面组织相同时，若里纬为线密度较高的纱线，表里纬排列比可采用2:1；若表里纬纱线密度相同，则排列比可采用1:1或2:2。

④组织循环纱线数：纬二重组织的组织循环纱线数的确定与经二重组织相同，即前面提到的适用于经纱的原则同样适用于纬纱。

（2）绘制纬二重组织的方法。

①确定里组织。如图3-3-93所示组织的面料正反面均为一上三下斜纹的纬二重组织，表里纬纱的排列比为1:1。在明确表组织的基础上，为了确定里组织的组织点相对位置，可以画辅助图。在表组织上，将已知表里纬纱排列比1:1标出，图中横向方格代表表纬，横向

图3-3-91 纬二重组织

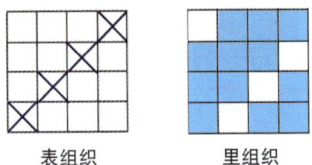

表组织　　里组织

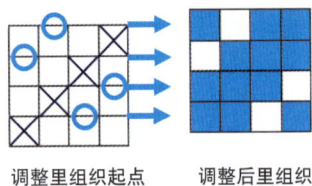

调整里组织起点　　调整后里组织

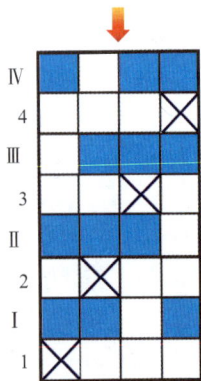

表里穿插的完整经二重组织

图3-3-92 纬二重组织的绘制方法

箭头位置代表里纬，纵列代表经纱。结合"里组织的纬组织点落在相邻两表纬长浮线之间"的原则，明确里组织三上一下右斜纹中纬组织点的合理位置。

②确定组织循环经纬纱数。按表组织、里组织及表里纬纱排列比，确定组织循环经纬纱数。

③表里分区。在一个组织循环范围内，按表里纬纱排列比划分表里区，并用数字分别标出。

④填绘表里组织。在表纬与经纱相交处按序填入表组织，里纬与经纱相交处则填里组织。

（3）纬起花组织。纬起花组织是由简单的织物组织加上局部纬二重组织共同构成的。它的特点是起花部位是纬二重组织，由两个系统的纬纱（即花纬和地纬）与一个系统的经纱交织而形成花纹；而起花以外部位仍为简单组织，由一个系统的地纬与一个系统的经纱交织而成（图3-3-93）。

起花时，花纬与地纬交织，花纬浮线浮在面料表面，利用花纬浮长构成花纹；不起花时，该花纬沉于面料反面，正面不显露。为了使纬起花组织花纹明显，起花纬纱往往选用较鲜明的颜色。

设计纬起花组织时，经起花组织中适用于经纱的原则，在这里也适用于纬纱。

3.经三重组织

经三重组织是由三组经纱（表经、中经、里经）与一组纬纱重叠交织而成（图3-3-94）。其构成原理与经二重相同，但必须考虑三组经纱之间的相互遮盖。因此，一般表层组织选用经面组织，里层组织选纬面组织，中层组织选双面组织，表经、中经、里经的排列比一般为1∶1∶1。其完全组织循环经纱数等于基础组织循环经纱数按照其排列比计算的总和，其完全组织循环纬纱数等于基础组织循环纬纱数的最小公倍数。

图3-3-93　纬起花组织面料的正反面

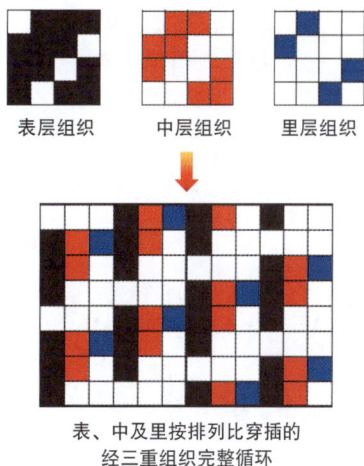

表层组织　　中层组织　　里层组织

表、中及里按排列比穿插的
经三重组织完整循环

图3-3-94　经三重组织的绘制方法

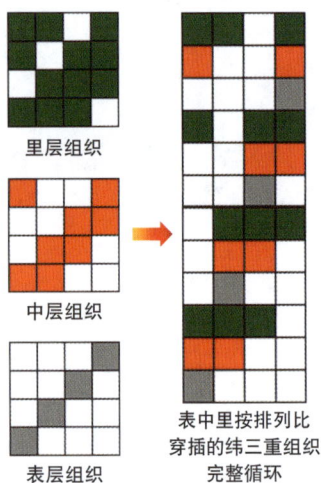

里层组织

中层组织

表层组织

表中里按排列比
穿插的纬三重组织
完整循环

图3-3-95　纬三重组织的
绘制方法

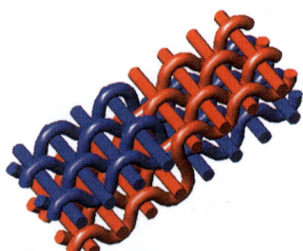

（a）表里换层

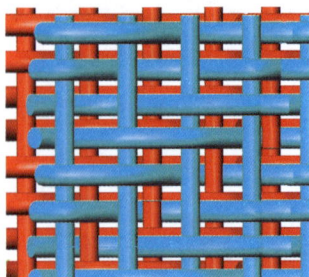

（b）接结双层

图3-3-96　双层组织中的表
里换层、接结双层组织的结构

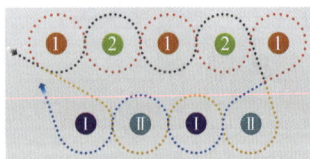

图3-3-97　平纹管状面料
截面示意图

4.纬三重组织

纬三重组织是由一组经纱与三组纬纱（表纬、中纬、里纬）重叠交织而成。纬三重组织构成原理与纬二重相同，但必须考虑三组纬纱的相互遮盖，三者之间必须有相同的组织点。

绘制纬三重组织的方法如下（图3-3-95）。

（1）确定基础组织，原组织、变化组织及联合组织均可作为表纬、中纬及里纬的基础组织。

（2）确定表纬、中纬、里纬的排列比，一般为1∶1∶1。

（3）确定组织循环纱线数。

（4）填绘表、中、里组织。

（二）双层组织

双层面料由双层组织织成，通过两个系统各自独立的经纱和纬纱，在同一机台上分别形成面料的上、下两层。在上层的经纱和纬纱称为表经、表纬，在下层的经纱和纬纱称为里经、里纬。

双层组织有以下优点：用一般织机可织制管状面料；用窄幅织机可生产阔幅面料；用两种或两种以上色纱作表里经纬纱，且按一定几何图案交替更换表里层位置，可形成配色花纹；利用双层组织接结，可增加面料厚度和重量等（图3-3-96）。

双层组织的面料种类繁多，根据其上、下层连接方法的不同可分为如下几类。

（1）连接上、下层的两侧构成管状面料（图3-3-97）。

（2）连接上、下层的一侧构成双幅面料（图3-3-98）。

（3）在管状或双幅面料上，加平纹组织，可构成各种口袋状的面料。

（4）根据配色花纹的图案，使表里两层相互交换而构成表里换层面料（图3-3-99）。

（5）利用各种不同的接结方法，使两层面料紧密地连接在一起，构成接结双层面料（图3-3-100）。

双层组织的面料表里重叠，无论从面料正面还是反面进行分析，都只能观察到一层。为便于明确其构成原理，按照织造时经纬纱平铺展开的先后排列顺序进行表示。

织造双层组织时，按投纬比例依次织制面料的上、下层（图3-3-101）。织上层时，表经按组织要求分成上下两层与表纬交织，而里经全部沉于面料下层，和表纬并不交织；织下层时，即里纬投入时，表经必须全部提起，里经按照组织要求分成上、下两层与里纬进行交织，而表经与里纬并不交织。

1. 织制双层组织面料的注意事项

（1）双层组织的表、里组织可采用各不相同的组织，但应使这两种组织的交织点数接近，以免上、下两层面料因织缩率不同而影响面料平整。例如，表组织为$\frac{2}{2}$方平组织，里组织为$\frac{2}{2}$右斜纹，两种组织性质较接近。但若表组织为平纹，里组织为缎纹，则织缩率相差悬殊，织制就有困难。

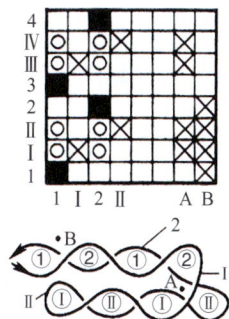

图3-3-98 双幅面料的组织与截面

图3-3-99 表里换层面料

图3-3-100 接结双层面料

笔记

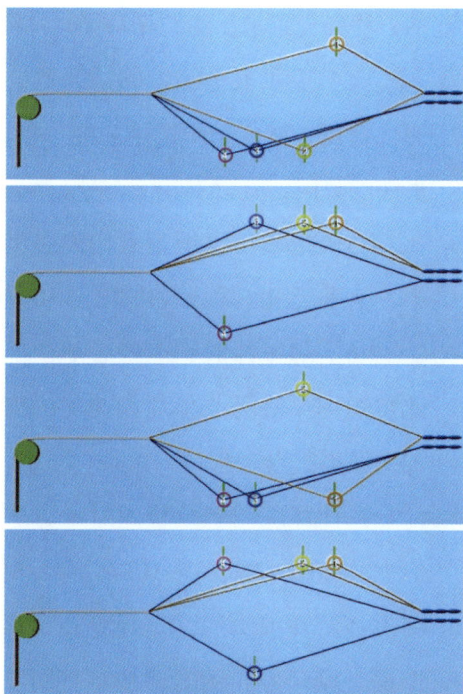

图3-3-101 平纹双层组织提综次序示例

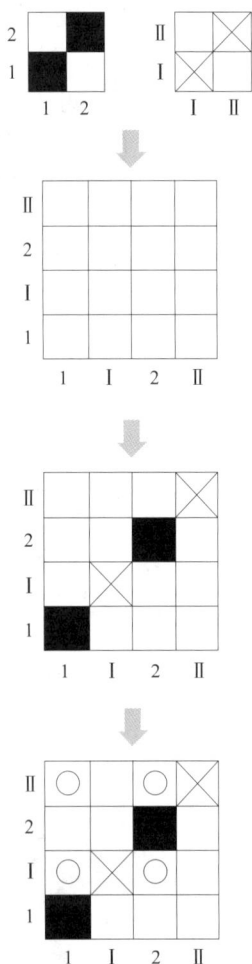

图3-3-102 双层组织的绘制方法

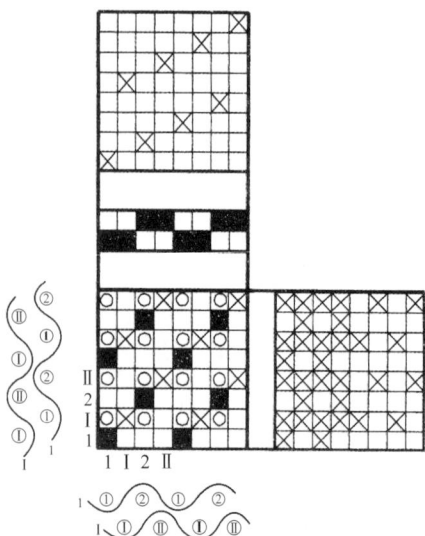

图3-3-103 双层组织的上机图及截面图

（2）表里经的排列比与经纱的线密度、面料的要求有关。例如，若表经细而里经粗，表里经排列比可采用2∶1；若表里经的线密度相同，一般采用1∶1或2∶2；面料若需正面紧密、反面稀疏，在表里经的线密度相等时，表里经的排列比可采用2∶1；若需正反面紧密度一致，则表里经排列比采用1∶1或2∶2。

（3）同一组的表里经穿入同一筘齿内，便于表里经上下重叠。

（4）表里纬投纬比与纬纱的线密度、色泽和所用织机类型有关。

2.绘制双层组织的方法

（1）确定表、里层的基础组织，分别画出表组织及里组织的组织图（图3-3-102）。

（2）确定表里经、纬纱排列比。

（3）按经二重组织和纬二重组织中提到的方法，分别求出组织循环经、纬纱数。

（4）按照表里经纱的排列比、表里纬纱的投纬比，确定组织图中表经、里经、表纬、里纬的分区，并分别注上序号。

（5）把表层组织填入代表表组织的方格中，把里层组织填入代表里组织的方格中。

（6）织里纬时，表经必须全部提起，因此组织图中表经与里纬相交织的方格须全部加上经组织点。

设计穿综图、纹板图时，方法与单层组织中的相同（图3-3-103）。穿综时，一般采用表经穿在前页综，里经穿在后页综的分区穿法。设计穿筘图时，注意将同一组的表里经穿入同一筘齿内。

（三）多层组织

由三个系统（或多个系统）的经纬纱分别交织，在面料中相互重叠，并以一定的方式连接起来的面料称为三层（或多层）面料，使用的组织称为三层（或多层）组织（图3-3-104）。

多层组织中各层面料的基础组织宜选择简单的平纹、斜纹等组织。所选用的各基础组织之间的平均浮长应尽量相等或接近，以保证每层面料织缩率近似，使布面平整，织造顺利。多层组织各层经纬纱线的排列比一般为1：1：1……

三层组织由三个系统的经纱和三个系统的纬纱构成（图3-3-105），各独立系统的经纬纱交织形成面料的表层、中层和里层。各层之间的连接方法包括：

（1）只在边部连接，构成三幅组织。

（2）沿着花纹的轮廓处交换表、中、里三层的位置，使面料上、中、下三层的色纱交替织造，呈现各色花纹的同时将三层连接在一起。

（3）利用接结点将三层紧密连接在一起，形成接结三层组织。

（四）凹凸组织

凹凸组织面料的表面具有明显凸条或其他花纹图案的凸起（图3-3-106）。其经纱分为地经和缝经两个系统。表面的立体效应因地经和缝经的张力不同而形成。

面料中花型凸起部分是由密度较大、纱线线密度较小的经纬纱（地经、地纬）交织成平纹组织，其背后衬有纱线线密度与张力均较大

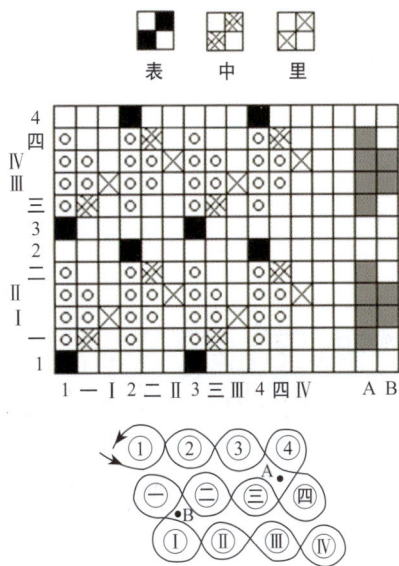

图3-3-104　三层组织及其截面图

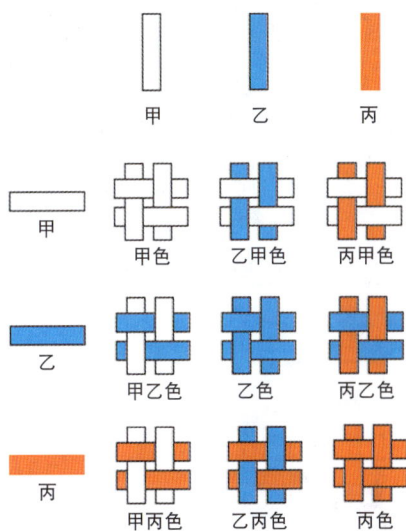

图3-3-105　三层表里换层组织

图3-3-106　凹凸组织面料

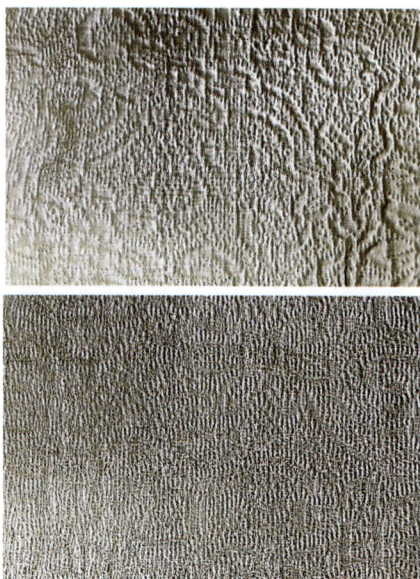

图3-3-107 凹凸组织面料的正、反面

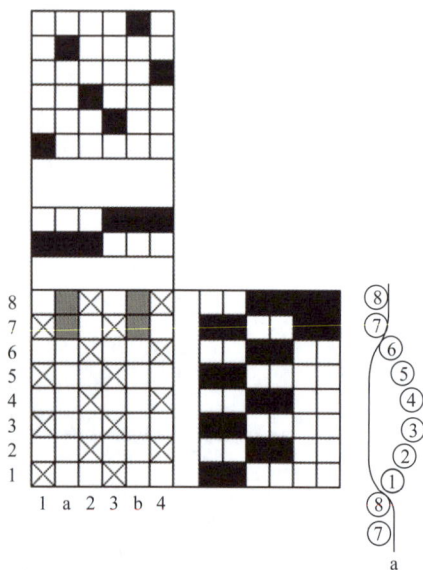

图3-3-108 简单凹凸组织的上机图和
截面图

的经纱（即缝经）的浮长线，在平纹与缝经之间经常有粗特纬纱（即芯纬）进行填充，以增加凸起效果。缝经与地纬的交织处形成面料正面的下凹部分（图3-3-107）。

凹凸组织的类型主要包括简单凹凸组织和复杂凹凸组织。

简单凹凸组织由两个系统的经纱和一个系统的纬纱构成（图3-3-108）。地经与纬纱交织形成平纹组织；缝经与纬纱交织，浮、沉于面料的正反面。当缝经浮于面料的正面时，此处凹下；当缝经沉于面料的反面时，此处凸起；面料外观呈现横向凸出条纹。

在复杂凹凸组织中，纬纱分为地纬与芯纬两个系统（图3-3-109）。地经（即表经）与地纬（即表纬）交织成平纹组织形成织物的正面；缝经与地纬交织按照花纹的要求浮沉于织物的正面或反面；芯纬不显露于织物表面，它与缝经的配置有两种方法：一是在缝经之上，地经之下，不与任何经纱交织，只起填充作用，即松背凹凸组织；二是芯纬与缝经做适当交织，以固结缝经在织物反面的纬浮长线，即紧背凹凸组织。芯纬的衬垫使凹凸效果更加明显，并且可以增加面料的

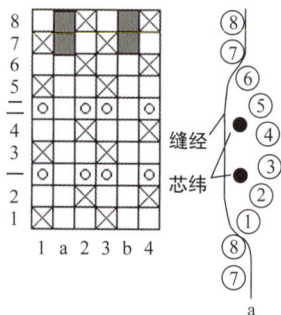

图3-3-109 复杂凹凸组织的上机图和截面图

厚度和重量，在原料选择时可采用质地较差、较粗的纱线，以节约成本。

（五）起毛组织

1.纬起毛组织

利用特殊的织物组织和整理加工，使部分纬纱被切断而在面料表面形成毛绒的面料称为纬起毛面料，图3-3-110为纬起毛组织。

这类面料一般由一个系统的经纱和两个系统的纬纱构成，两个系统的纬纱在面料中具有不同的作用。其中一个系统的纬纱与经纱交织形成固结毛绒和体现面料牢度的地布，这种纬纱称为地纬；另一个系统的纬纱也与经纱交织固结，但主要以较长的纬浮长线覆盖于面料表面，在割绒（或称开毛）工序中，纬浮长线被割开，断开的头端裸露于面料表面，再通过整理加工后形成丰满的毛绒，这种纬纱称为毛纬，又称绒纬。

绒纬起毛方法有两种：

（1）开毛法。利用割绒机将绒坯上绒纬的浮长线割断，然后使绒纬的捻度退尽，使纤维在面料表面形成耸立的毛绒。例如，灯芯绒、纬平绒面料便是利用开毛法形成毛绒的（图3-3-111）。

（2）拉绒法。将绒坯覆于回转的拉毛滚筒上，使绒坯与拉毛滚筒做相对运动，而将绒纬中的纤维逐渐拉出，直至纤维被拉断而形成毛绒。拷花呢面料的起绒就是利用拉绒法来形成的（图3-3-112）。

纬起毛面料根据其外形，常见的有灯芯绒、花式灯芯绒（或称提花灯芯绒，如图3-3-113所示）、纬平绒和拷花呢等。

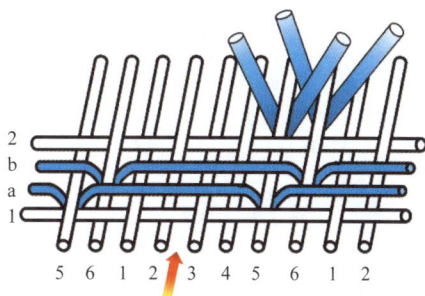

图3-3-110　纬起毛组织

图3-3-111　灯芯绒、纬平绒面料

图3-3-112　拷花呢面料

图3-3-113　花式灯芯绒面料

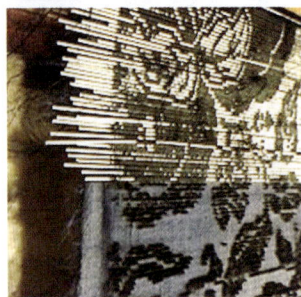

图 3-3-114 杆织法起绒

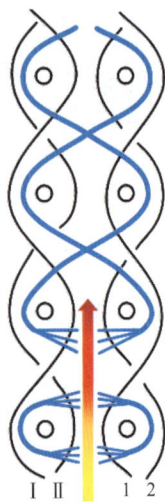

图 3-3-115 双层织制法起绒

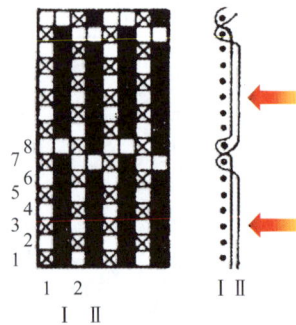

图 3-3-116 经浮长通割起绒

2.经起毛组织

表面由经纱形成毛绒的面料称为经起毛面料，相应的组织称为经起毛组织。这种面料是由两个系统的经纱（即地经与毛经）与同一个系统的纬纱交织而成。地经与毛经分别卷绕在两个织轴上。

起绒方法有杆织法起绒（图3-3-114）、双层织制法起绒（图3-3-115）、经浮长通割起绒（图3-3-116）。

杆织法起绒是在织造过程中，将起绒杆当成纬纱织入，经纱浮在起绒杆上形成毛圈，经切割后形成毛绒，或不切割形成毛圈。起绒杆的直径决定着绒毛的高度，起绒杆有各种号数，可根据需要选用。

双层织制法中，地经纱分成上下两部分，分别形成上下两个梭口，纬纱依次与上下层的梭口进行交织，形成两层地布。两层地布间隔一定距离，毛经位于两层地布中间，与上下纬纱同时交织，两层地布间的距离等于两层绒毛高度之和。织成的面料通过割绒工序将连接的毛经割断，形成两层独立的经起毛面料。

经浮长通割起绒，其组织的构成原理和设计要点与纬浮长割绒组织基本类似，其割绒方向沿纬向进行。

经起毛组织面料根据表面毛绒长度和密度的不同，可分为平绒与长毛绒两大类。双层织制法根据开口和投入纬纱的方法不同，分为单梭口织制法和双梭口织制法两种。

（六）毛巾组织

毛巾面料的毛圈是通过织物组织及织机送经打纬机构的共同作用而形成的（图3-3-117）。织制毛巾面料要有两个系统的经纱（即毛经与地经）和一个系统的纬纱交织而成。地经与纬纱构成牢固的底布，毛经与纬纱构成丰满的毛圈。毛经与地经的排列比一般为1：1，也有2：1、1：2等。

毛巾面料基础组织一般采用$\frac{2}{1}$（图3-3-118）或$\frac{3}{1}$变化经重平或$\frac{2}{2}$经重平等组织。

毛巾面料按毛圈分布情况可分为双面毛巾、单面毛巾及花色毛巾（图3-3-119）。双面毛巾的正反两面都起毛圈；单面毛巾仅在一面起毛圈；花色毛巾在面料表面的某些部分根据花纹图案形成毛圈，或由色纱显色的不同而形成各种花纹图案。

毛巾面料具有良好的吸湿性、保温性和柔软性，适宜用作面巾、浴巾、枕巾、被单、浴衣、睡衣、床毯、椅垫等。为使毛巾面料具有良好性能，一般采用棉纱织制，但个别情况如装饰面料可根据用途选用人造丝、腈纶等其他纤维的纱线。

毛巾面料通过毛组织加上地组织的结构，以及钢筘短打纬加上长打纬相结合的特殊打纬运动，形成毛圈。当先后投入第一、第二两根纬纱时，打纬动程均较小，钢筘前进到距离织口一定距离处，并不与已形成的面料接触，而是与织口之间留出一条空档，这种动程较小的打纬称为短打纬。当投入第三根纬纱后，钢筘将该纬纱连同前两根纬纱一并推向织口，与已形成的面料紧密接触，这时钢筘的打纬动程为全程，称为长打纬。

由于第一、第二根纬纱在张紧地经的同一梭口内，因此当钢筘推动第三根纬纱时，能同时推动第一、第二两根纬纱一齐向前。因这时毛经已与第一、第二两纬交

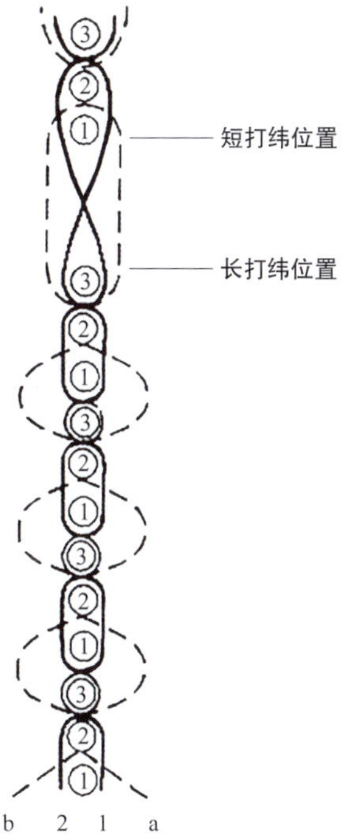

图3-3-117 毛巾面料的毛圈形成原理

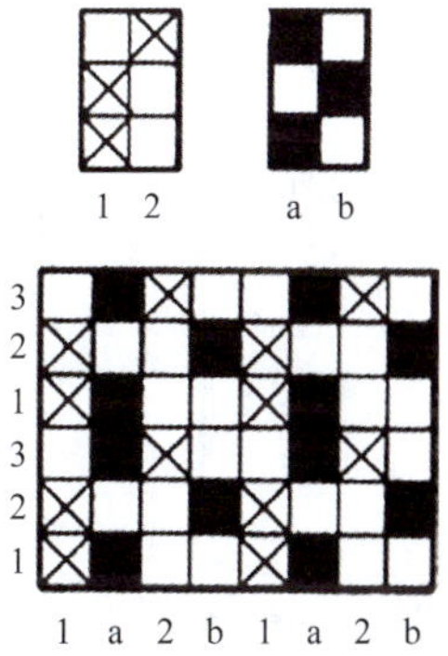

图3-3-118 毛巾组织

图3-3-119 双面、单面及花色毛巾

织，且毛经的送经量较大、张力较松，第三纬带着与之相交织的毛经一齐沿着张紧的地经向织口移动。这样，毛经在被固定于底布中的同时，又在面料表面形成毛圈，毛圈的弧长约为长打纬与短打纬动程之差。

（七）纱罗组织

纱罗组织通常是纱组织和罗组织的总称（图3-3-120）。

纱组织的绞经每改变一次左右位置，仅织入一根纬纱。

罗组织的绞经每改变一次左右位置，先后织入三根或三根以上奇数根纬纱。

纱罗组织的特点是面料表面具有清晰而均匀分布的纱孔，经纬密度较小，面料较为轻薄，结构稳定，透气性良好（图3-3-121）。适用于夏季服装、窗帘、蚊帐、筛绢及产业用织物等。此外，还可用作阔幅织机同时织制多幅窄幅面料的中间边或无梭织机面料的布边。

纱罗面料经纬纱的交织情况与一般面料不同。其中仅纬纱是相互平行排列的，而经纱则由两个系统的纱线（绞经和地经）相互扭绞。织造时，地经纱的位置不动，而绞经纱有时在地经纱右方、有时在地经纱左方与纬纱进行交

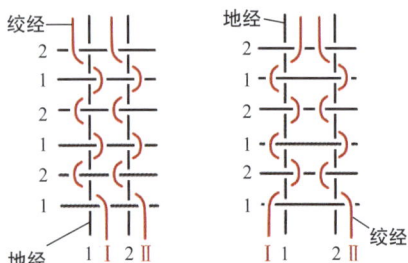

（a）纱组织

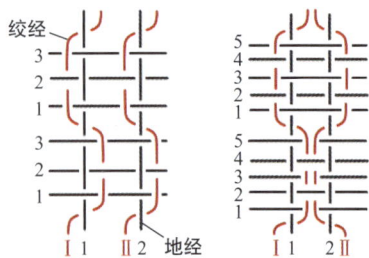

（b）罗组织

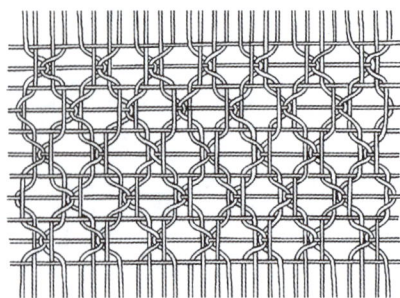

（c）古代四经绞罗组织

图3-3-120　纱罗组织结构

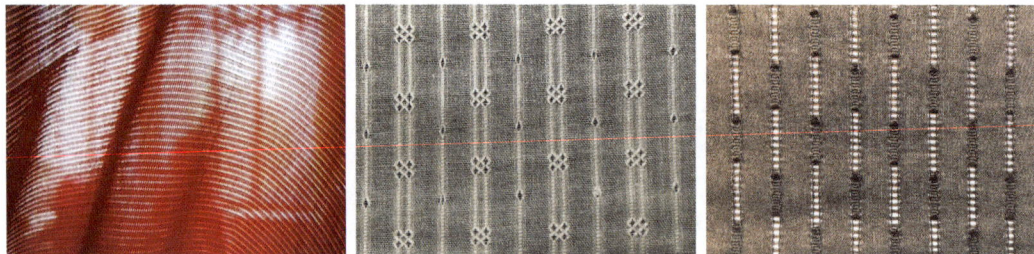

图3-3-121　纱罗组织面料

织。由于绞经作左右绞转，并在其绞转处的纬纱之间有较大的空隙，因此形成纱孔。

在纱罗组织中，根据绞经与地经绞转方向的不同可分为两种：绞经与地经绞转方向一致的纱罗组织，称为一顺绞，简称顺绞；绞经与地经绞转方向相对称的纱罗组织称为对称绞，简称对绞。

此外，根据绞经在纬纱的上面或下面，又可分为上口纱罗和下口纱罗。上口纱罗的绞经永远位于纬纱之上，下口纱罗的绞经永远位于纬纱之下。

纱组织或罗组织还可以和各种基本组织联合，形成各种花式纱罗组织（图3-3-122）。

图3-3-122　提花纱罗面料

码3-3-9　大提花组织

五、大提花组织

原组织、小花纹组织、复杂组织花纹的大小与变化自由度，常受织机综页数量的限制，如图3-3-123所示。常见的多臂织机设备上的综页数一般有4页、8页、16页等，受综页厚度、织机尺寸、经纱开口大小均匀度的限制，20页以上的不多见。

如果在织物组织中，不同交织规律的经纬纱根数超过了多臂织机上所有的综页数，就无法在多臂织机上织制，需要采用大提花织机（图3-3-124）进行织造，以便控制整个花纹循环中的每根经纱分别独立进行升降运动。在提花机上织造的织物组织称为大提花组织（图3-3-125）。

笔记

图3-3-123　多臂织机上数量较为有限的综页

图3-3-124 大提花织机

大提花组织中一个组织循环的经纱根数可以多达几千根甚至几万根，所以常称为大花纹组织，织成的面料称为纹织物或大提花面料（图3-3-126）。

大提花组织通常以一种组织作为地部，以另一种或多种组织显出花纹图案。也有用不同的表里组织、不同颜色的经纱和纬纱，使之在面料上显出层次丰富、艳丽多姿的大花纹。

根据面料的结构，大提花组织可分为简单与复杂两大类。凡用一种经纱和一种纬纱，选用原组织及小花纹组织构成花纹图案的称为简单大提花组织。经纱或纬纱的种类在一种以上，配列在多重或多层之中的称为复杂大提花组织，如毛巾组织、起绒组织、纱罗组织、纬三重组织、双层组织等，单独构成或与其他组织相互配合而成大花纹组织，均属于复杂大提花组织。

图3-3-125 大提花组织

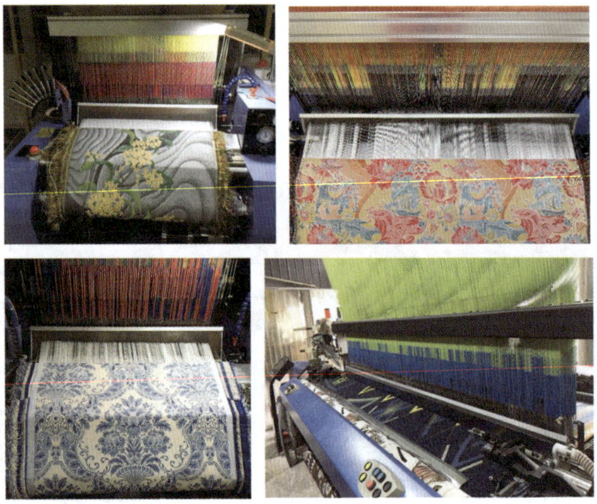

图3-3-126 织制大提花面料

第四节　建构：织物组织设计方法

在掌握了织物组织的基础知识以后，该如何进一步开展织物组织的创新设计呢？可以将其理解为在小方格纸上进行有规则的绘画创作。

从形式上，面料的经纬交织结构采用了图案的平行、对称、散点等排列形式，其表达方式也采用了图案设计的变化、统一、平衡、夸张等构成原理；从思维方式上，形象思维和逻辑思维都很重要。在绘制组织图时，需要丰富的想象力，并将组织图中的交织点与实际面料中的三维结构联系起来，才能创造出富有特色的组织结构和新颖美观且品质上乘的面料。

学习并开展织物组织设计，不仅要联系生产实际和使用需求，更要掌握并熟悉设计规律，在灵活应用各种设计方法的同时，不断借鉴前人或同行的经验，总结并从中领悟设计要领，在不断进行设计生产实践的过程中，提高对织物组织的识别、鉴赏及创新能力。

一、织物组织设计的要求

1.对比

对比是织物组织设计最基本的要求。对比主要是指经面组织与纬面组织的对比（图3-4-1），交织点疏与密的对比（图3-4-2），粗犷组织与细腻组织的对比（图3-4-3），采用两组收缩率不同的经纱或纬纱交织后产生凹与凸的对比（图3-4-4）等。织物组织的对比特征越强烈，面料表面的纹理就越清晰。相反，缺少对比效果的组织，会使面料显得平淡。

优秀的组织设计往往同时采用多种对比，两

码3-4-1　织物组织设计方法

图3-4-1　经面组织与纬面组织的对比

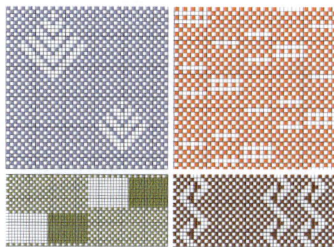
图3-4-2　交织点疏与密的对比

图3-4-3　粗犷组织与细腻组织的对比

图3-4-4　凹与凸的对比

图3-4-5 联合对比设计法

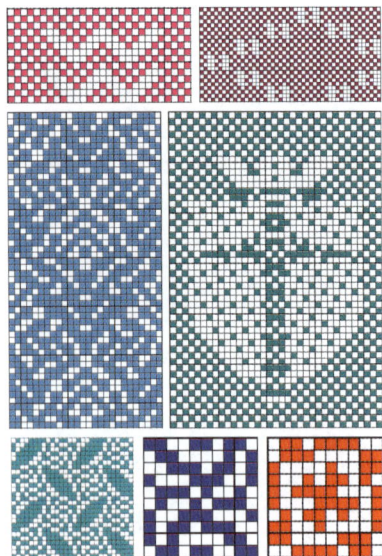

图3-4-6 对称设计（前四为轴对称、
后三为中心对称）

图3-4-7 组织的结构平衡

个或两个以上的对比方法会收到更好的设计效果，这种设计方法可称为"联合对比设计法"如图3-4-5所示。

2.对称

织物组织采用对称设计，除了可以使组织产生对称美外，还有利于生产加工。对称设计体现在生产方面的优点如下：

（1）能使花纹变大、变清晰的同时，还能节省使用的综片数。

（2）减少和防止因交织点不均匀而产生织造病疵。

（3）方便工人生产操作等。

对称可以分为轴对称和中心对称两种形式（图3-4-6）。

3.平衡

组织设计的平衡可以从两方面考虑：一是美学的需要，织物组织的图案效果直接反映在面料的表面，采用平衡组织的面料给人以稳定的美的享受；二是使织物表面平整，方便人工操作，也方便后道工序处理。平衡包括组织的结构平衡（图3-4-7）和图像的视觉平衡（图3-4-8）两种。

（1）组织的结构平衡。机织物是由经纬纱线通过组织结构规律交织而成的。为了保证面料质量，并使面料表面平整美观，手感柔和，且方便生产操作，设计时要注意组织的平衡。反映在面料上是指经纬交织点和交织次数的整体平衡。

对于某根经（纬）纱线，交织次数越多，平均浮长越小，在这根经（纬）纱线位置处，面料就越紧密，在织机上该经（纬）纱线的张力变化也越大，如果与其他经（纬）纱线的张力相差悬殊，随着织造的进行，该经（纬）纱线就易因太紧而被拉断。

反之，如果某一根经（纬）纱线的交织次数少，平均浮长大，则在这根经（纬）纱线的位置处，面料就松软，随着织造的进行，该经（纬）纱线就会越来越松，甚至下垂，以致无法按所需规律上下升降开口。组织的结构失衡会严重影响产品的质量、风格、手感、美观。

（2）图像的视觉平衡。视觉平衡主要从美学的角度来考虑组织图的整体平衡。例如从组织斜向、倾角、经纬面的面积比、经纬交织点更替等方面进行考虑，反映在面料表面则为交织后出现的色彩、花纹等方面的和谐与统一。

4.变化与统一

织物组织设计是在原组织的基础上进行一次或多次的变化、重构、创作。变化是设计的根本，统一是变化的整体要求，它们相互依存又相互制约着（图3-4-9）。为了满足面料各种用途的需求，织物组织要有足够数量的交织点，以保证面料的强力和牢度，并要求交织点分布均匀，布局合理，既能方便生产和使用，又美观大方。

织物组织设计最常见的病疵是缺少设计构想，缺少章法，拼凑痕迹明显，结构杂乱、疏松、失衡、不合理。应避免上述问题，注意对比、对称、平衡、变化与统一的要求，创造出新颖而实用的织物组织。

二、织物组织设计的方法

织物组织设计的方法很多，通常并不拘泥于一种方法，而是联合采用几种设计方法，以获得最好的设计效果。以下是常用的一些设计方法。

1.加强设计法

在原组织或经过简单变化的组织上沿经（纬）向延长或增加组织点（图3-4-10）。

2.镶嵌设计法

根据设计意图在原组织上镶嵌另一个组织或几何图

图3-4-8 图像的视觉平衡

图3-4-9 变化与统一

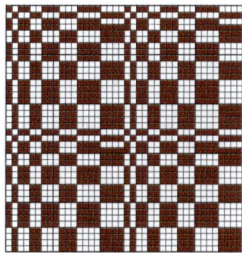

图3-4-10 加强设计法

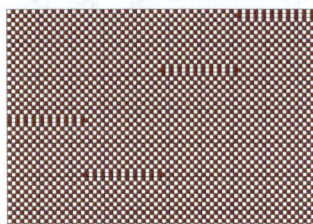

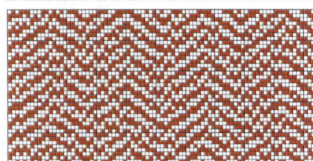

图3-4-11 镶嵌设计法

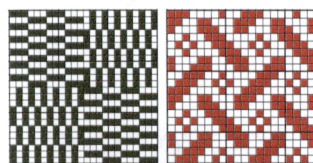

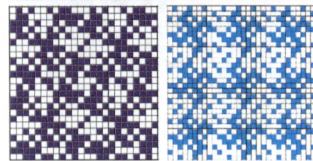

形，如图3-4-11所示。为了保证设计效果，通常在平纹地上镶嵌反差较大的组织或图形，也可以采用两种组织按不同的排列比和经纬方向相互嵌入形成新的组织。

3.旋转设计法

在前文织物组织设计的对称法则中介绍了中心对称，通过旋转设计，可实现中心对称，这是较为常见又实用的手段（图3-4-12）。旋转设计法的优点是设计简便，花纹美观、装饰性强，缺点则是需要的综片数量较多，不易于多臂织机的使用。在采用旋转设计法时，应注意选择特点明显的基础组织，以便产生清晰的花纹。组织循环不宜太大，并要求组织循环经纱数和组织循环纬纱数相等。

4.移植设计法

移植设计法是在原组织上移去或增加组织点的一种设计方法（图3-4-13）。可在原组织上进行变化，在小范围的组织循环数里进行变化，并注意移植图形的均匀美观。采用移植法如能与省综设计法配合，则能设计出大型复杂的组织。

5.置换设计法

置换设计法是在原组织的基础上或通过变化设计后，把原有的经浮点置换成一个组织，把纬浮点置换成另一个组织的设计方法，如图3-4-14所示。

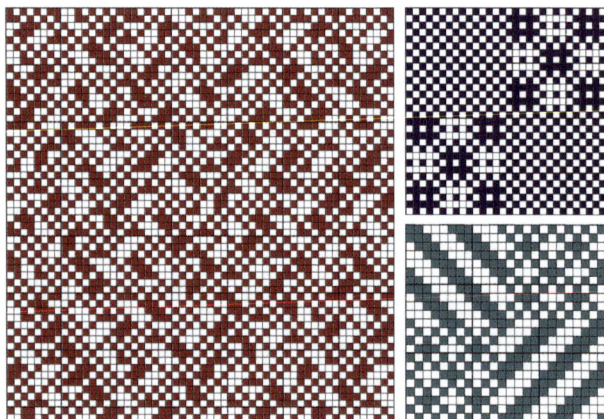

图3-4-12 旋转设计法

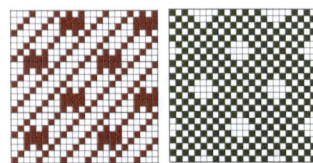

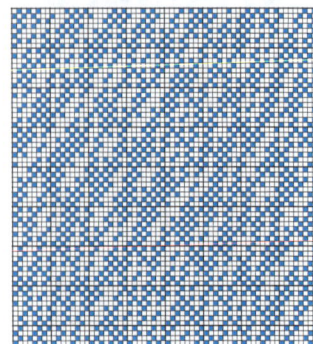

图3-4-13 移植设计法

图3-4-14 置换设计法

6.叠加设计法

叠加设计法是指把两个不同风格的组织叠加在一起而形成的新组织（图3-4-15）。为了使新组织能够正常循环，所采用的两个组织的循环大小应是其单个组织循环大小的最小公倍数。

7.底片设计法

底片设计法将照片的正片与负片黑白相反的原理借用到织物组织设计中，是常用的一种设计方法（图3-4-16）。底片设计法是相邻的经或纬在交织中采用经纬面浮点相反的组织，使面料的织纹清晰，经纬交织点相反处痕迹明显且上下或左右不易滑动。这一特点也通常用于提花面料中的花与地交界处。底片设计法可采用经向底片、纬向底片或经纬向同时采用底片的方式。互成底片关系的经（纬）纱线的根数比例关系可根据具体需要而确定。

8.省综设计法

省综设计法是采用图案的"打散构成"设计原理进行组织设计的一种方法（图3-4-17）。该方法使织造时所用的综片数量可控，组织循环经纱数的大小可根据需求大幅扩展。即可以在综片数量有限的情况下，织出组织循环更为大型而复杂（图3-4-18）的面料。其面料表面平整，绉效应明显，抗皱能力较强。

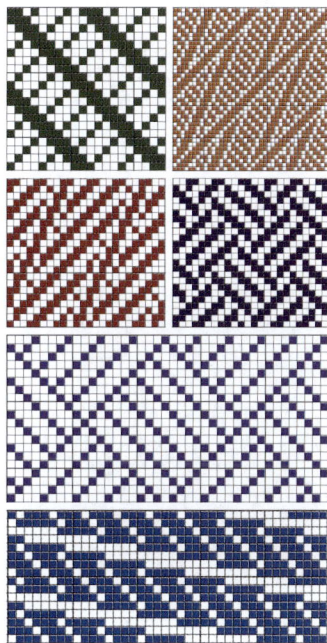

图3-4-15　叠加设计法

图3-4-16　底片设计法

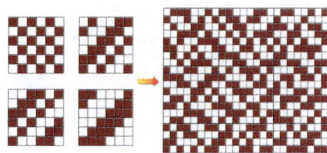

图3-4-17　省综设计法

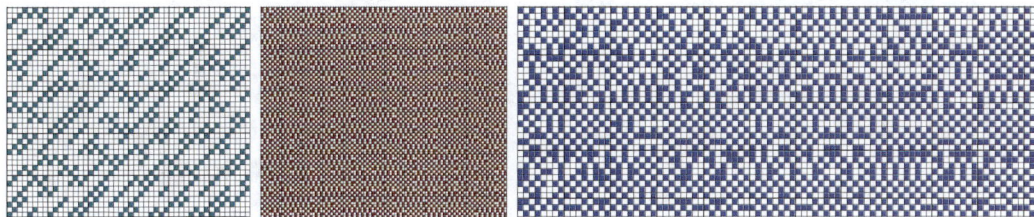

图3-4-18　省综设计法组织示例

图3-4-19 平行排列

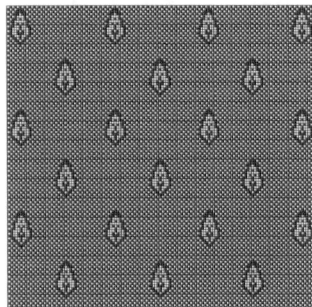

图3-4-20 菱形排列

三、小花纹组织的排列

小花纹组织的面料一般采用多臂织机织制，采用的综片数量控制在16片以内。可以通过灵活运用小花纹元素在整个组织图构图中的排列方式来获得花纹清晰美观、品质精良的面料。根据小花纹在面料中的布局和所占面积，可以归纳出不同的排列方式：平行排列（图3-4-19）、菱形排列（图3-4-20）、直条排列（图3-4-21）、横条排列（图3-4-22）、散点排列（图3-4-23）、满地排列（图3-4-24）。

织物组织设计变化万千，创意无限，奇妙而有趣。这里仅介绍部分常用的设计方法，在设计实践过程中还可以不断建构更多方法和数不胜数的创新组织，创造出多姿多彩、用途广泛的面料。

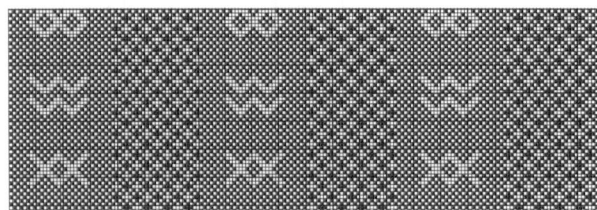

图3-4-21 直条排列

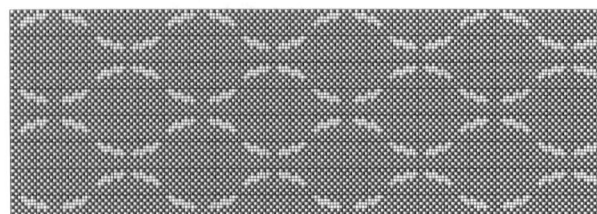

图3-4-22 横条排列

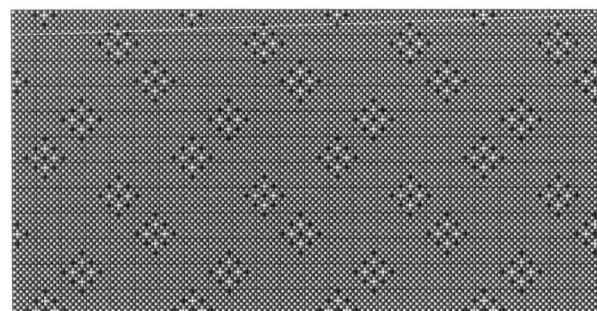

图3-4-23 散点排列

图3-4-24 满地排列

第五节　量化：工艺参数设计方法

通过前面内容的学习，对面料样品进行了由外而内的深入分析、审视和鉴别检测，明确了作为一块面料其内部蕴含的基本规格和特征。相应的，在设计阶段由内而外地对面料进行规划，形成了面料主题方案，了解了形形色色、千变万化的织物组织，学会了创造织物组织的设计方法，并选择合适的材料，以期进一步转化并实现最终的面料产品。在转化与实现的过程中，应结合产品定位与用途、面料风格与性能功能的需求、生产织造流程顺利进行的要求来设定实施方式，进行工艺参数设计，制订生产工艺单。

织造工艺参数设计主要包括：原料选择、纱线规格、密度与紧度、幅宽与匹长、面料的缩率、筘号、每筘穿入数、筘幅、总经根数、布边设计、色纱排列与每花经纱根数、用纱量等。

一、原料选择

面料的性质首先取决于原料。纤维原料与纺织产品的审美风格、性能、功能和成本价格之间关系密切。针对面料的具体用途、风格、市场定位、性能、功能等方面的需求，应选用合适的纤维原料及混纺比，并使原料的配比达到最佳性价比。能供选择的纤维材料种类很多（图3-5-1），各具特色。除了常规的天然纤维与化学纤维外，还有许多新型纤维，在纤维组成、纤维结构、特殊功能、智能响应等方面不断推陈出新，应充分了解纤维原料的各项性能，以便在设计中灵活应用。

码3-5-1　工艺参数设计方法

笔记

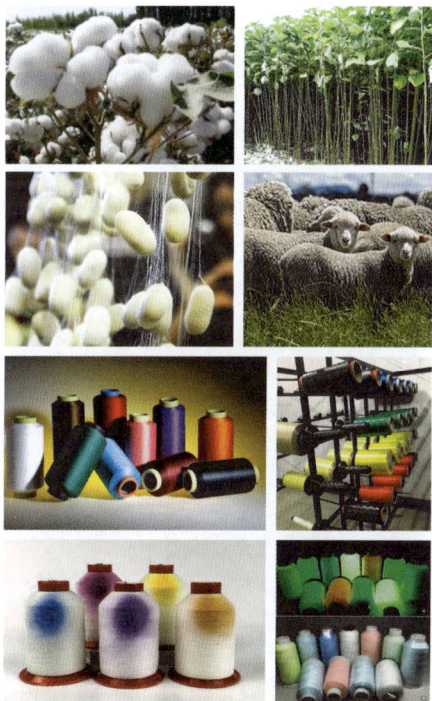

图3-5-1　不同种类的纱线原料（棉、苎麻、桑蚕丝、羊毛、涤纶、芳纶、变色纱线、夜光纱线等）

二、纱线规格

在面料的工艺参数设计内容中，纱线的基本规格主要考虑三个方面：线密度、捻度和捻向。

1.纱线的线密度

线密度是指1000m长的纱线（或纤维等其他纺织材料，下同）在公定回潮率下的质量（g，一般通过称重测得），单位为特克斯（tex），是目前法定的计量单位。

纤度是指9000m长的纱线在公定回潮率下的质量（g），单位为旦尼尔，简称旦（denier），是行业内对于长丝的惯用指标。

公制支数是指在公定回潮率下质量为1g的纱线所具有的长度（m），简称公支。

英制支数是指在公定回潮率下质量为1磅（lb）的纱线，其长度与840码（yd）的比值，简称英支。

设计织造轻薄面料时，一般用线密度小的纱线；对于粗厚面料则用线密度大的纱线。

面料中选用的经纱、纬纱的线密度可以相同，例如棉型的平布、牛津布，毛型的华达呢、直贡呢、哔叽等，麻型大多数品种和丝型的纺类、罗类、绡类、纱类等面料。

选用经细纬粗的纱线时，可提高织机的生产效率，同时体现织物外观风格和特殊要求，例如棉型的府绸，其外观获得菱形颗粒效应；拉绒加工而成的绒布，一般用弱捻且较粗的纱线为纬纱；丝绸中的葛类，为体现绸面明显横向凸纹效应也采用经细纬粗的设计方法。

选用经粗纬细的纱线时，可体现面料外观的特殊效应。在大多数情况下，采用前两种配置的方式，特殊情况下采用第三种方式。当经、纬纱的线密度不等时，其差异不宜过大，否则会使经、纬纱线的屈曲显著不一致，影响耐磨性等性能。

2.纱线的捻度

捻度是指在单位长度的纱线中，纤维加捻的回旋数。捻度的大小与面料外观、坚牢度、弹性等方面相关。

捻度较小的面料手感柔软，光泽较佳（图3-5-2、图3-5-3）。

图3-5-2　无捻纱织成的面料局部结构形态

图3-5-3　无捻或弱捻纱织成的面料外观示例

在临界捻度范围内，适当增加纱线捻度能够提高面料的强力，增强弹性。但是捻度过大，面料手感变硬，光泽变弱，强度反而会有所下降（图3-5-4、图3-5-5）。

设计时，应根据经纬纱的不同及纤维长度和种类的不同，选择不同的捻度。设计织造薄型面料时，选用的纱线捻度一般大于中厚型面料；紧密面料的纱线捻度大于松软面料；纱线线密度小的面料的纱线捻度大于纱线线密度大的面料；纤维长度短的纱线捻度大于纤维长度长的；经纱捻度一般略高于纬纱捻度。

股线织成的面料耐磨性、手感和光泽一般优于单纱织成的面料。

3. 纱线的捻向

捻向是指纱线加捻的方向，可分为Z捻和S捻。经纬纱捻向的配合对面料的手感、厚度、表面纹路等都有一定的影响，在面料设计织造中应予以考虑。

若经纱与纬纱捻向不同［图3-5-6（a）］，经纱上的纤维和纬纱上的纤维在经纬交织点的接触之处相互交叉，经纱和纬纱之间的缠合性较差，因此其组织点因屈曲大而更为凸起，面料纹路清晰，手感较松厚而柔软；且在印染过程中吸色较好、染色均匀；同时，由于面料表面所呈现的纤维斜向较为一致，对光的反射方向也更一致，因而面料的光泽较好。若经纱与纬纱捻向相同［图3-5-6（b）］，面料的外观、手感、染色效果等方面正好与上述情况相反。

图3-5-4 强捻纱织成的面料局部结构形态

图3-5-5 强捻纱织成的面料外观示例

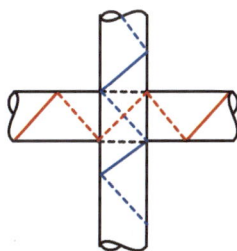
（a）经纬纱捻向不同

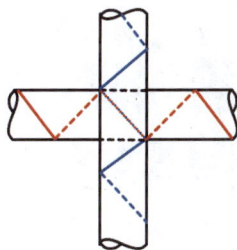
（b）经纬纱捻向相同

图3-5-6 经纬纱捻向配合

此外，在面料设计中，还可以将不同捻向纱线进行间隔排列，即使纱线颜色、粗细、材质等都相同，也可使面料形成隐条、隐格等若隐若现的条格效应。

三、密度与紧度

1.密度

面料中经（纬）纱的密度，是指沿着面料纬（经）向的单位长度内，经（纬）纱排列的根数，该密度表示纱线排列的疏密程度。

同等情况下，经纬密度越大，面料就越紧密、厚实、硬挺、耐磨、坚牢；经纬密度越小，则面料越稀薄、松软、透通。当选用的纱线较粗，刚性较大，或组织的交织点较多时，纱线密度通常应设计得小一些；反之，应大一些。

经密与纬密之间的比值，对面料的性能和风格也会产生影响。例如，平布与府绸都是平纹结构，但是两者具有不同的外观风格。

2.紧度

密度是经纱或纬纱的绝对密度，而紧度则是面料相对密度的指标（图3-5-7），它指纱线覆盖面积与面料面积的比值。当比较两种组织相同，而所用经纬纱的粗细不同的面料时，不能单纯用经纬纱的绝对密度来评定织物的紧密程度，而应采用紧度来评定。

面料的经向紧度、纬向紧度和总紧度，以面料中的经纱覆盖面积之和（如图3-5-7中虚线框内橙色经纱的面积，不包括面料中纱线之间的空隙）、纬纱覆盖面积之和（如图3-5-7中虚线框内深蓝纬纱的面积，不包括面料中纱线之间的空隙）、或经纬纱的总覆盖面积之和相对于面料全部面积（如图3-5-7中虚线框内面积，包括面料中纱线之间的空隙）的比值表示。

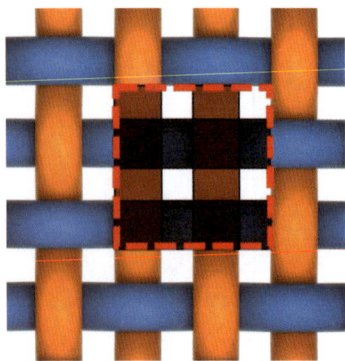

图3-5-7　紧度

在织物组织相同的条件下，紧度越大，表示面料越紧密。紧密面料中的纱线叠加覆盖，其紧度值有可能大于1。各类面料经纬向紧度的具体情况、规格等，需根据面料的风格特征、成本大小等因素决定。平布的经纬紧度比约为1∶1；而府绸的经向紧度大，经纬紧度比约为5∶3，从而使其面料表面颗粒清晰、丰满。

四、幅宽与匹长

1. 幅宽

幅宽是指面料的有效宽度，一般习惯用厘米或英寸来表示。幅宽与面料的产量、织机最大穿筘幅度及面料的用途有关。坯布的幅宽需要根据所需成品的幅宽和整理的工艺条件来确定。坯布幅宽与成品幅宽的关系如下式所示：

$$坯布幅宽 = \frac{成品幅宽}{幅宽加工系数} = \frac{成品幅宽}{1-幅缩率}$$

2. 匹长

匹长是指面料的长度，一般以米为单位。坯布匹长和成品匹长的关系如下式所示：

$$坯布匹长 = \frac{成品匹长}{1-幅缩率}$$

五、面料的缩率

面料的缩率包括纱线交织弯曲而形成的织缩率和染整工艺处理而形成的染整缩率。

面料的缩率影响面料风格与性能，与面料的匹长、幅宽、筘幅、密度、用纱量等规格设计和染整工艺有关，是面料设计的重要项目之一。

面料的经纬织缩率是指经纬纱因织造时互相交织而屈曲，使面料的经向长度或幅宽小于相应的经纱长度或筘幅，面料中经纱（或纬纱）原纱长度与坯布长度（或宽度）的差值占原纱长度（或宽度）的百分率。织缩率的计算公式如下所示：

$$织缩率 = \frac{面料中纱线的原长 - 坯布长度（或宽度）}{面料中纱线的原长} \times 100\%$$

对于整理工序多、组织松软的面料，一般染整缩率较大；对于密度高的面料，一般染整缩率较小。染整缩率的计算公式如下所示：

$$染整缩率 = \frac{面料的染缩长度（或宽度）}{面料漂染前长度（或宽度）} \times 100\%$$

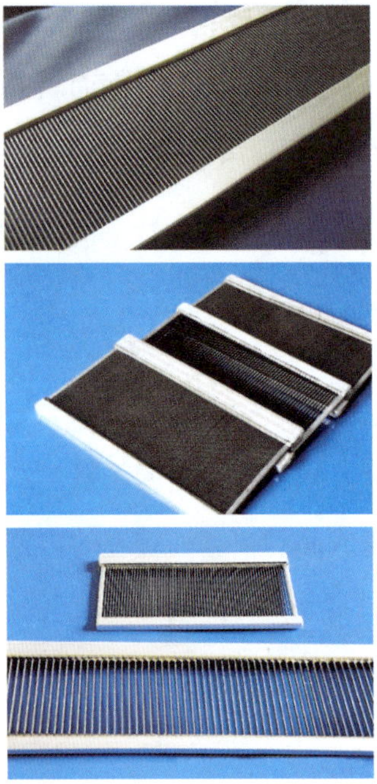

图3-5-8　不同筘号的钢筘

笔记

六、筘号、每筘穿入数与筘幅

筘号是表示钢筘疏密程度的一项规格指标，具体表示为钢筘单位长度内的筘齿数（图3-5-8）。筘号通常有公制筘号和英制筘号两种表示方法。公制筘号以10cm内的筘齿数表示，英制筘号以2英寸内的筘齿数来表示。

筘号应根据经密、纬纱织缩率、每筘穿入数以及实际情况而合理选定。筘号计算公式如下所示：

$$筘号 = \frac{经密 \times （1-纬纱织缩率）}{每筘穿入数}$$

经纱的每筘穿入数是指钢筘每个筘齿内穿入的经纱根数，与面料中纱线的线密度、组织、密度、产品质量要求等有关，同一品种采用不同的穿入数会产生不同的效果。

筘幅是指织布机上钢筘的门幅宽度，一般以厘米表示。筘幅的计算公式如下：

$$筘幅 = \frac{布身经纱数}{布身每筘穿入数 \times 筘号} \times 10$$

在计算时，纬纱织缩率、筘号以及筘幅三者之间需进行反复修正。

七、总经根数

面料中的总经根数是指参与织造的所有经纱根数的总和，依据面料的经密、幅宽及边纱根数来确定。总经根数的计算公式如下：

$$总经根数 = 布身经纱数 + 布边经纱数$$

$$布身经纱数 = 经密 \times 标准幅宽$$

最终的总经根数应为每筘穿入数的整数倍，并尽可能设计为组织循环、穿综循环的整数倍。

八、布边设计

布边的主要作用是锁住纬纱和边侧的经纱，保持面料的完整、平直，增强面料在加工过程中承受外力作用的能力，美化面料或增加标记以满足贸易需求。面料的布边通常有光边（由有梭织机形成）、毛边（由无梭织机形成）和折入边（加装折入边机构形成）的形式（图3-5-9）。布边经纱数的确定，以确保顺利织造、整理加工、布边整齐为原则，常见的布边宽度一般为每侧0.5~1.5cm。

边经的密度大小通常根据布身的经纱密度而定：当布身的经纱密度较小时，边经的密度可以稍大一些；当布身的经纱密度较大时，两者可以相等；布身的经纱密度很大时，边经的密度可以稍小一些。

边经根数及边经的每筘齿穿入数应在布边设计时加以确定。每侧布边的经纱根数为边经穿综循环数及边经每筘齿穿入数的公倍数。

布边组织的设计应根据布身组织中经纱的平均浮长而定，使布边与布身经纱的平均浮长尽量相等，以免因经纱织缩差异而造成张力不匀，影响织造顺利进行和面料的平整度。同时，布边组织还应选用较为紧实的类型，例如平纹、变化平纹、斜纹、变化斜纹等，并使两侧的布边都锁住而无散边现象，以便加强布边的作用和质量，提高面料的加工便利性。

图3-5-9 布边（光边、毛边、折入边）

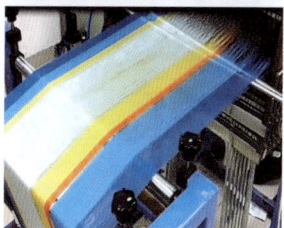

九、色纱排列与每花经纱根数

根据面料花型设计、配色要求、材料搭配等，决定面料中经纱、纬纱的排列方式（图3-5-10）。经纱排列一般按每种经纱从左至右依次出现的顺序和相应的根数列出一个完整的色纱排列循环，纬纱排列一般按每种纬纱从下往上依次出现的顺序和相应的根数列出一个完整的色纱排列循环。合理的排列与布局不但能美化面料外观，还能够提高面料的性能，改善面料加工条件。

每花经纱根数是指一个完整的花纹配色循环内的经纱排列根数。

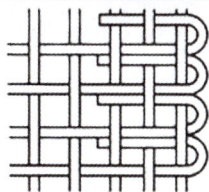

图3-5-10 色纱排列

$$每花经纱根数 = 每花各色条经纱根数之和$$

$$每花各色条经纱根数 = 每花成品各色经条宽度 \times 成品经密$$

$$= 每花成品各色经条宽度 \times 坯布经密 \times \frac{坯布幅宽}{成品幅宽}$$

$$全幅花数 = \frac{总经根数 - 边经根数}{每花经纱根数}$$

算得的经纱根数应根据组织循环经纱数、穿综、穿筘等要求作适当的修正。

十、用纱量

计算用纱量的目的，是为了结合生产任务制订各类或各色纱线分别的用纱量，以便按需采购和加工确切数量的纱线原料。

各种面料类型和生产厂家的用纱量计算不完全一致，但基本计算公式是相通的。以棉型面料为例，计算公式如下：

$$每米面料总用纱量 = 每米面料经纱用纱量 + 每米面料纬纱用纱量$$

$$每米面料经纱用纱量（kg/m） = \frac{经纱线密度（tex） \times 总经根数（根） \times (1+放长率) \times (1+损失率)}{10^6 \times (1+经纱总伸长率) \times (1-经纱织缩率) \times (1-经纱回丝率)}$$

$$每米面料纬纱用纱量（kg/m） = \frac{纬纱线密度（tex） \times 纬纱密度（根/10cm） \times 10 \times}{10^6 \times (1-纬纱织缩率) \times (1-纬纱回丝率)}$$

$$\frac{面料幅宽（m） \times (1+放长率) \times (1+损失率)}{10^6 \times (1-纬纱织缩率) \times (1-纬纱回丝率)}$$

式中的指标有一系列经验值，但因面料品种、生产实际、储存条件等有所不同，经实际测定后更为准确。

面料的单位面积质量也可通过上述方法测算得到。

练习与讨论

单选题

1. 下列哪个不属于三原组织（　　　）。
   A.基本组织　　　　　B.斜纹　　　　　C.缎纹　　　　　D.平纹
   E.条纹

2. 复杂组织可以有几个系统的经纱（　　　）。
   A.1　　　　　　　　B.2　　　　　C.3　　　　　D.4
   E.以上皆有可能

3. 以下哪个不属于联合组织（　　　）。
   A. 绉组织　　　　　　　　　　　B.平纹地小提花组织
   C. 阴影斜纹组织　　　　　　　　D.配色模纹组织

多选题

1. 面料的织物组织类型包括（　　　）。
   A.同面组织　　　B.原组织　　　C.大提花组织　　　D.变化组织
   E.复杂组织　　　F.简单组织　　　G.联合组织

2. 纱线的分类方法有（　　　）。
   A. 纤维原料组成　　B.纱线结构　　C.纺纱系统　　　D.纺纱方法
   E.纱线用途

判断题

1. 纬二重组织的表纬浮长一般比里纬长，两者具有覆盖与被覆盖关系。（　　　）
2. 在织机上，经纱密度与钢筘筘齿密度直接相关，但不一定是筘齿密度的整数倍。（　　　）
3. 设计某种单一组织的面料时，可以使组织图的其中一行或一列的浮长与组织循环的大小一致。（　　　）
4. 为提高面料坚牢度，在设计纱线参数时，捻度越大越好。（　　　）
5. 长丝纱制成的面料一般比短纤纱制成的更为保暖。（　　　）
6. 大提花织机不能织制组织循环小于16的小花纹组织。（　　　）

　　1. 希望通过自己的设计作品传达什么主题？

　　2. 打算将面料设计作品用于哪些人群？应用于哪些具体场合？

　　3. 在进行面料设计构思时，艺术性、实用性、功能性、商业性，哪个最为重要？

　　4. 什么样的纱线材料适合用来表达你的设计作品？为什么？

　　5. 各种各样的织物组织类型及特征给面料设计创作带来哪些启迪？

　　6. 在作品的织物组织创新设计中，该织物组织的三维结构是否合理？形成的面料品质和效果如何？

第四章

现代织造工艺

本章概要

　　织造与人类的生产生活息息相关。可以说，织造工艺折射出每个历史时期的科学技术水平。随着现代科技的不断发展，织造工艺也日新月异。现代织造工艺的基本工序一般包括络筒、整经、浆纱、穿结经、并捻、定捻、卷纬等准备工序，以及开口、引纬、打纬、卷取和送经等织造过程。

实践项目：现代织造工艺调研

　　请前往面料织造生产企业开展实地调研，或通过线上资源调研，了解面料织造的整个生产流程以及每道工序所用的设备、工艺、操作方法，并比较现代织造工艺与传统织造技艺之间的异同点。

第一节 络筒

现代织造工艺通过经纱、纬纱的一系列准备工序保障纱线的可织性，如图4-1-1所示，并在织造过程中不断提高产品的质量稳定性。

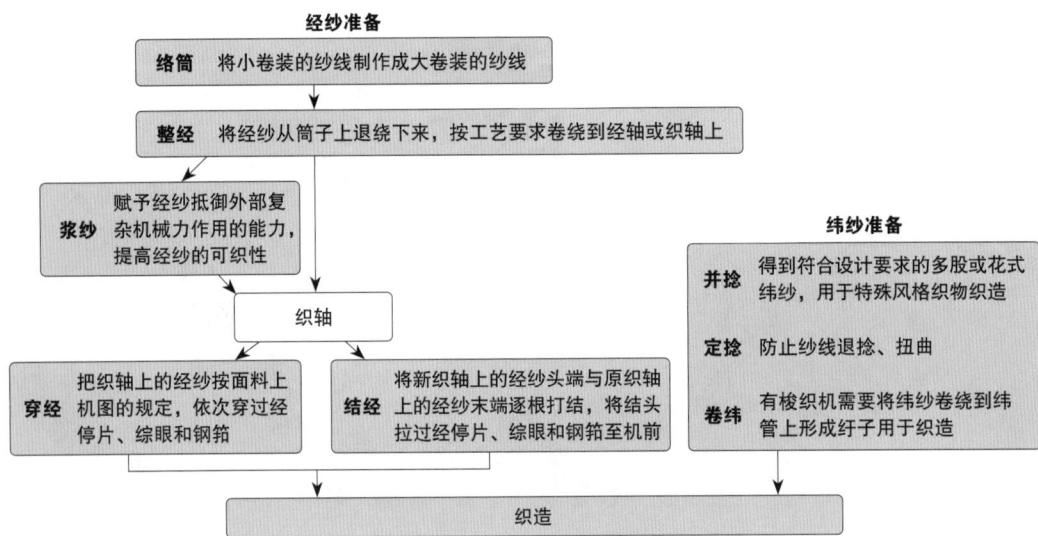

图4-1-1 织造准备流程图

络筒是将前道工序获得的小卷装纱线加工成大卷装的形式（图4-1-2～图4-1-4），使其便于销售、运输，并符合后续织造生产的需求。

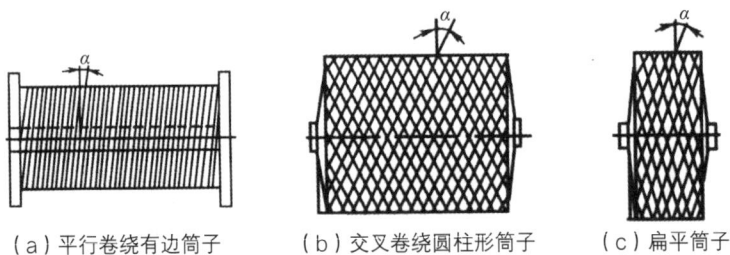

（a）平行卷绕有边筒子　　（b）交叉卷绕圆柱形筒子　　（c）扁平筒子

图4-1-2 圆柱形筒子

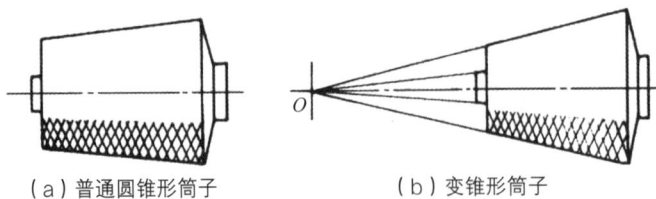

（a）普通圆锥形筒子　　　　　（b）变锥形筒子

图4-1-3 圆锥形筒子

（a）双锥端圆柱形　　（b）双锥端圆柱形　　（c）三圆锥筒子
筒子（平行卷绕）　　　筒子（交叉卷绕）

图 4-1-4　其他形状的筒子

一、络筒的作用

（一）增加卷装容量

络筒是将前道工序运来的纱线加工成容量较大、成形良好、有利于后道工序（整经、无梭织机供纬、卷纬或漂染）加工的半制品卷装（无边或有边）筒子。根据纱线的喂入形式，络筒分为管纱络筒、绞纱络筒和有特殊要求的络筒。

1.管纱络筒

对于棉、麻、毛、丝、化纤短纤及其混纺纱线来说，纺纱厂提供的卷装形式主要是管纱。管纱容量很小，即使是大卷装的管纱，每只也仅能容纳 2.5km 长的纱线（以 29.2tex 的棉纱为例）。若将管纱直接用来整经、无梭织机供纬或其他后道工序，就需要频繁更换纱线，导致生产效率显著降低，同时也会严重影响加工过程中纱线张力的均匀程度。因此，纱线在进入后道工序之前，应通过络筒工序加工成容量较大的筒子（图 4-1-5、图 4-1-6）。化纤长丝在纺丝过程中络成的筒子，其卷装容量可达 10kg，甚至更大。

笔记

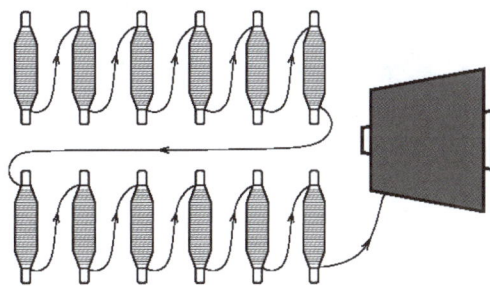

图 4-1-5　管纱络筒示意图

图 4-1-6　管纱络筒加工车间

图4-1-7　绞纱络筒

图4-1-8　筒子纱染色

笔记

2.绞纱络筒

供应织造生产的部分纱线原料也以绞纱形式出现，以便于运输和储存。另外，染色纱和天然丝常常以绞纱形式供应。绞纱必须先加工成筒子（图4-1-7），才能供后道工序使用。

3.有特殊要求的络筒

现代色织生产中，纱线先经络筒工序络卷成卷装大、卷绕密度均匀的松软筒子，然后再进行高温高压筒子染色（图4-1-8）。

（二）清除纱线疵点

络筒的另一主要目的是检查纱线条干均匀度，尽可能清除纱线上的疵点、杂质。为提高面料的外观质量，减少整经、浆纱、织造过程中的纱线断头，在络筒工序中对纱线上的有害粗节、细节、双纱、弱捻纱、棉结、杂质等进行清除。

（三）制成成形良好的筒子

制成的筒子中，纱线之间应无重叠、无陷入，成形良好。

二、络筒工艺流程

常见的自动络筒机结构如图4-1-9所示。自动络筒机的工艺流程为：纱线从插在管纱插座上的管纱上退绕出来，经过气圈破裂器后再通过预清纱器对纱线上的杂质和纱疵进行清除。纱线继而通过张力装置和电子清纱器。根据需要，可由上蜡装置给纱线上蜡。最后，当槽筒转动时，一方面使紧压在它上面的筒子做回转运动，将纱线卷入；另一方面槽筒上的沟槽带动纱线做往复导纱运动，使纱线均匀地络卷在筒子表面。

电子清纱器对纱线的疵点（例如粗节、细节、双纱等）进行检测，若检出纱疵，则立即剪断纱线，筒子从槽筒上抬起，并被刹车装置刹住。装在上下两边的吸嘴分别吸取剪断的纱线的两端，并将它们引入捻接器，形成无接结头，然后自动开车运行，继续络筒。部分络筒机在张力装置上方装有纱线毛羽减少装置，通过旋转气流作用使较长的毛羽重新贴伏到纱身上。为控制络筒张力恒定，上蜡装置的下方装有纱线张力传感器，持续感应纱线张力，经反馈控制，对张力进行自动调节。此外，络筒机还装有自动换管装置、自动换筒装置和除尘系统，以维持连续自动的生产过程。

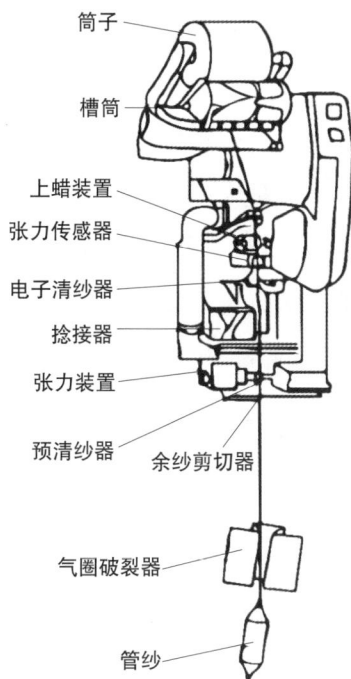

图4-1-9 络筒机结构示意图

三、络筒的要求

为保证筒子的质量，络筒工序还应满足以下要求。

1.卷装与成形

筒子卷装应坚固、稳定，成形良好，长期储存及运输过程中纱圈不发生滑移、脱圈，筒子卷装不改变形状。筒子的形状和结构应保证在下一道工序中纱线能以一定速度轻快退绕，不脱圈、不纠缠断头。筒子上纱线排列应整齐，无重叠、凸环、脱边、蛛网等疵点。

2.卷绕张力与卷绕密度

络筒过程中纱线卷绕张力要适当、波动要小，既满足筒子的良好成形，又保持纱线原有的物理机械性能，并尽可能增加卷装容量提高卷装密度。对于需要进行后处理（例如染色）的筒子，必须保证结构均匀，使染液能顺利均匀地透过卷装整体。

3.卷绕长度

有些后道工序（如集体换筒的整经）要求筒子的卷绕长度一致，长度误差必须在许可范围之内，这就需要筒子定长（或定重）。若后道工序（如无梭织机的纬纱筒子）不需要精确定长，则络筒长度应尽可能长，以增大筒子的容量。

4.疵点和毛羽

应当根据对面料成品的不同质量要求、纱线的质量状况恰当地设定清纱器的清纱范围，去除纱疵及杂质。应尽量减少因络筒工序造成的纱线毛羽。

5.结头

纱线打结处的结头应小而牢，在后道工序中不出现脱节现象。自动络筒机上配有捻接装置，捻接处纱线直径为平均直径的1.1~1.3倍，强力要达到原纱强力的80%以上，结头的直径和长度应尽可能小。

第二节　整经

整经是十分重要的织前准备工序，它的加工质量直接影响后道加工的生产效率和面料质量。

一、整经的作用

整经是将一定根数的纱线从对应数量的筒子上退绕下来，按照工艺要求的整经长度和幅宽，以适宜、均匀的张力平行地卷绕在经轴或织轴上的工艺过程。整经工序使得经纱卷装由络筒筒子变成经轴或织轴，若所制成的是经轴，则再通过浆纱工序形成织轴。若所制成的是织轴，则提供给穿经工序，为构成面料的经纱系统做进一步准备。

二、整经方式

根据整经纱线的类型和所采用的生产工艺，有对应适用的整经方法。其中，分批整经和分条整经应用比较广泛，此外还有一些针对特殊纺织品种类的特种整经方法，如分段整经、球经整经等。

1.分批整经

分批整经又称轴经整经，是将织造所需的总经根数分成几批分别平行卷绕在几个经轴上，每一批纱片的宽度都等于经轴的宽度，每个经轴上的经纱根数应尽可能相等，卷绕长度按整经工艺规定。然后把这几个经轴的纱线在浆纱机或并轴机上合并，并按工艺规定长度卷绕到织轴上（图4-2-1）。一批经轴可以做成若干只织轴。为了使各织轴经纱长度相等，经轴上的卷绕长度应是织轴卷绕长度的整数倍，并考虑每匹面料用纱度、浆纱伸长、上机及了机回丝长度等因素。

总经根数　○○○○○○○○○○○○○○○○○○○○○○○○○

经轴1　○ ○ ○ ○ ○ ○ ○ ○ ○ ○ ○ ○

经轴2　○ ○ ○ ○ ○ ○ ○ ○ ○ ○ ○ ○

经轴n　○ ○ ○ ○ ○ ○ ○ ○ ○ ○ ○ ○

（a）总经根数为n个等宽经轴的经纱根数之和

经轴n　经轴2　经轴1　织轴

（b）n个经轴上的经纱分批卷绕成织轴

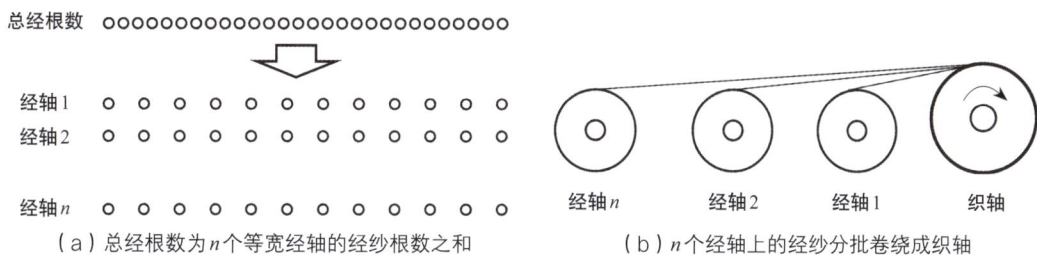

图4-2-1　分批整经原理示意图

　　分批整经方法具有生产效率高，片纱张力均匀，经轴质量好，适宜于大批量生产的特点，它可应用于各种纱线的整经加工，但主要用于原色或单色面料生产，在用于多种经纱的色织面料生产时，若纱线配置和排列复杂，或生产隐条、隐格面料，则整经比较困难。

　　分批整经的工艺流程如下。

　　纱线从筒子上引出，绕过筒子架上张力器和导纱部件之后，被引到整经车头，通过伸缩筘和导纱辊，卷绕到由变频调速电动机直接传动的整经轴上（图4-2-2）。压辊以规定的压力紧压在整经轴上，使整经轴获得均匀适度的卷绕密度和圆整的卷装外形。在

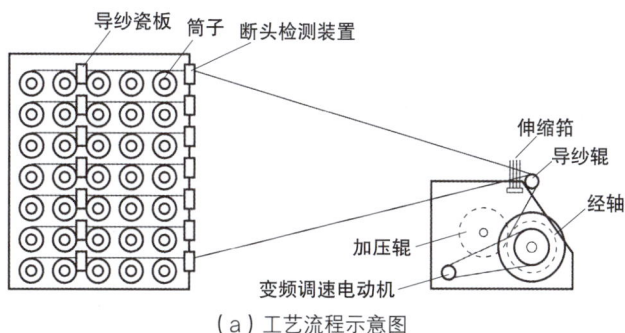

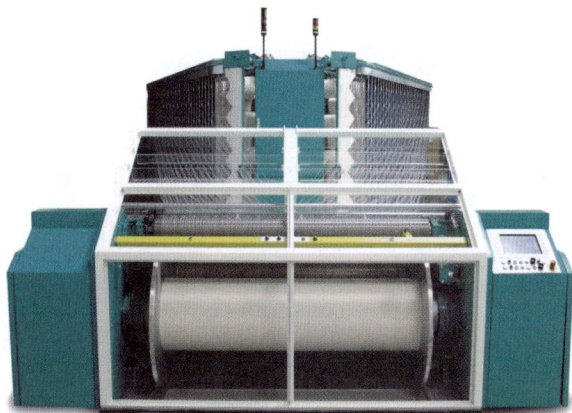

导纱瓷板　筒子　断头检测装置

伸缩筘　导纱辊　经轴

加压辊

变频调速电动机

（a）工艺流程示意图

（b）整经机

图4-2-2　分批整经

压辊或导纱辊上装有测长传感器，为线速度测量和长度测量采集信号。当卷绕长度达到工艺规定的整经长度时，计长控制装置使机器关车，等待上、落轴操作。

2.分条整经

分条整经又称带式整经，是将面料所需的总经根数根据色纱排列循环和筒子架的容量分成根数尽可能相等、纱线配置和排列相同、排列密度与织轴大致相同的若干份条带，条带的整经根数一般是色纱排列循环的整数倍且尽可能接近筒子架容量；再通过卷绕过程，按工艺规定的幅宽和长度一条挨一条依次平行卷绕到整经大滚筒上；待所有条带都卷绕到整经大滚筒上后，再通过倒轴过程将全部经纱条带由整经大滚筒同时退绕到织轴上去。分条整经直接形成织轴供织造使用。分条整经的操作方法如图4-2-3所示。

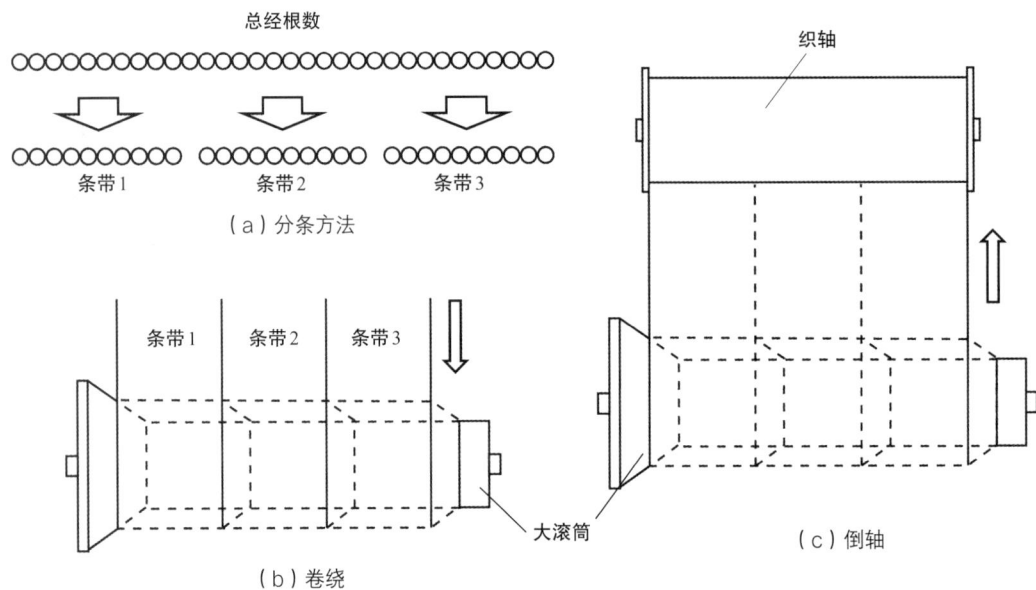

图4-2-3　分条整经原理示意图

多色或不同捻向纱线整经时，花纹排列十分方便，一个条带中包含一个或数个配色循环，回丝也较少，特别适合面料的小批量、多品种生产。对于不需要上浆的产品可以直接在整经过程中获得织轴，缩短了工艺流程，因而在毛织厂、丝织厂和色织厂中应用很广。此外，分条整经工艺过程是通过条带卷绕和倒轴两个阶段来完成的，因此分条整经的生产效率不高。各条带之间整经张力不够均匀，影响织机开口的清晰程度，可能导致经纱断头或织疵形成。对于弹性较差的麻纱、玻璃纤维、金属丝等，这种张力不匀的弊病就比较突出。

分条整经的工艺流程如下。

纱线从筒子架上的筒子引出后，先后经过后筘、断头自停片、分绞筘、定幅筘、测长辊，逐条卷绕到大滚筒上，每卷绕一个条带，大滚筒都要横移一个条带的宽度，继续卷绕下一个条带，直至把所有条带都卷绕到大滚筒上（图4-2-4）。倒轴时，大滚筒反向退绕，织轴正向转动，大滚筒上的全部纱线转移并卷绕到织轴上。

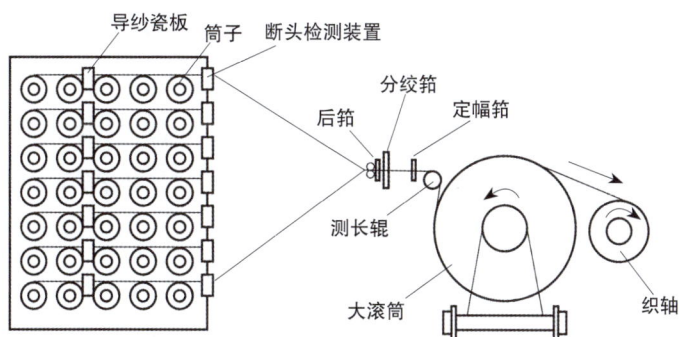

（a）工艺流程示意图

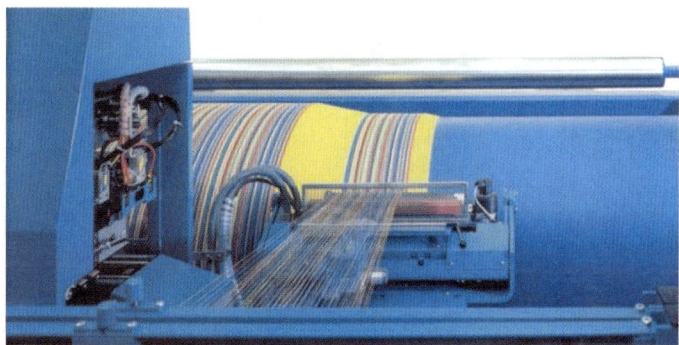

（b）整经机正在卷绕经纱条带

图4-2-4　分条整经

3.特种整经

（1）分段整经。分段整经是将全幅面料所需的经纱分别卷绕在若干个窄幅小经轴上（即分为若干段），然后再将若干个小经轴的经纱同时退解出来，卷在织轴上使用或直接使用。分段整经用在有对称花型的色纱整经时较为方便。如果将若干个窄幅小经轴依次并列地穿在轴管上，便可构成供经编机和编织机等使用的织轴。

（2）球经整经。球经整经是先将一定根数的经纱集束绕成球状纱团，经后道的绳状染色，达到染色均匀的效果，经染色后的经纱再在拉经机上卷绕成经轴。球经整经适用于牛仔布等色织面料的生产。

（3）单纱样品整经。单纱样品整经机一般由一个周长较大的大滚筒、纱架及倒轴机

图4-2-5　单纱样品整经机

构组成，如图4-2-5所示。整经时，单根纱线在一个专用导纱器的引导下连续卷绕在大滚筒的边缘，再由纱圈转移装置逐步向滚筒另一侧转移，直至满足所需的长度、总经根数和幅宽，大滚筒停转，由一夹持器将所有纱圈夹紧，而后在规定位置剪断，通过倒轴机构将全部纱圈卷绕在织轴上备用。该方式占地面积小，同时参与工作的筒子数量少（每种纱线只需一个筒子），通常用于新产品开发的小批量样品试织。

（4）整浆联合法。整浆联合法一般分为分批整浆联合法和分条整浆联合法两种。分批整浆联合法是指用整浆联合机完成整经和上浆，得到已上浆的经轴，再用并轴机把几个经轴合并成织轴，常用于总经根数较多的化学纤维长丝的整经和上浆。分条整浆联合法实际上是在分条整经机的筒子架与大滚筒之间增加一套上浆烘干装置，适用于经纱为单纱、需要上浆并保持色彩排列次序的面料。

三、整经的要求

整经质量对后道工序的顺利进行以及面料质量至关重要。对整经工序的要求一般包括以下几点。

①全片经纱张力应均匀，并在整经过程中保持张力恒定，从而减少后道加工中的经纱断头和织疵。

②整经过程不应恶化纱线的力学性能，应保持纱线的强力和弹性，尽量减少对纱身的摩擦损伤。

③全片经纱排列均匀，整经轴卷装表面平整，卷绕密度均匀一致。

④整经根数、整经长度、纱线配置和排列应符合工艺设计规定。

⑤纱线接头质量应符合规定标准。

第三节　浆纱

在织机上，单位长度的经纱从织轴上退绕下来直至形成面料，会受到3000~5000次程度不同的反复拉伸、屈曲和磨损作用。未经上浆的经纱表面毛羽突出，纤维之间抱合力不足，在复杂机械力的反复作用下，容易引起纱身起毛，纤维游离，纱线解体，产生断头。纱身起毛还会使邻近的经纱之间相互粘连纠缠而导致开口不清，形成织疵，无法正常顺利地进行织造。

一、浆纱的作用

为了赋予经纱抵御外部复杂机械力破坏的能力，提高经纱的可织性，保证织造过程顺利进行，除了股线、单纤长丝、加捻长丝、变形丝、网络度较高的网络丝外，一般短纤纱和长丝在织造前都需上浆。浆纱一贯被视为织造生产中的一道关键加工工序，浆纱工作的任何一个细小疏忽都会严重影响织造生产的质量和效率。

经纱在上浆过程中，浆液在经纱表面被覆，并向经纱内部浸透。经烘燥后，在经纱表面形成柔软、坚韧、富有弹性的均匀浆膜，使纱身光滑、毛羽贴伏；在纱线内部，加强了纤维之间的黏结抱合能力，改善了纱线的力学性能。合理的浆液被覆和浸透，能使经纱织造性能得到提高。上浆一般能够起到以下几方面的积极作用。

1.改善纱线的耐磨性

浆纱工序为经纱表面披覆一层坚韧的浆膜，使其耐磨性得到提高。浆膜的被覆应力求连续完整，才能起到良好的保护作用。否则，纱线表面的轻浆疵点使经纱缺乏坚韧的浆膜保护，经纱在织机的后梁、经停片、综丝眼、特别是钢筘的剧烈作用下，纱线起毛、断头，导致织造无法进行。良好的浆液浸透是形成坚韧浆膜的基础，否则容易脱落而起不到保护膜的作用。同时，浆膜的拉伸性能应与纱线的拉伸性能相似，以发挥两者的协同作用，更好更持久地抵御外力。

2.贴伏毛羽，光滑表面

由于浆膜的黏结作用，使纱线表面的纤维游离端紧贴纱身，纱线表面光滑，如图4-3-1所示。在织制高密面料

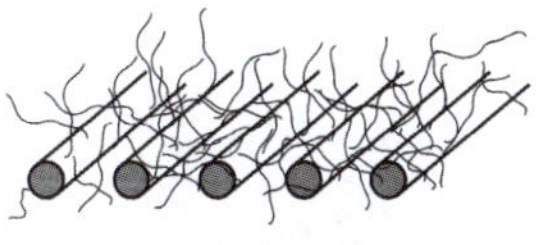

（a）未上浆

（b）不良的上浆工艺

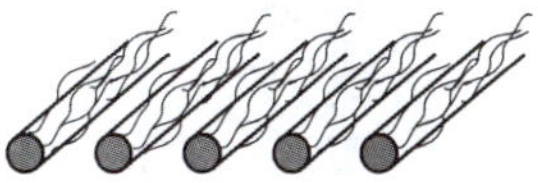

（c）良好的上浆工艺

图4-3-1　上浆对纱线毛羽的影响

时，可减少临近纱线之间的纠缠和经纱断头，对于毛纱、麻纱、化纤纱及混纺纱、无捻长丝而言，毛羽贴伏和纱身光滑尤为重要。

3.改善纤维集束性，提高纱线断裂强度

由于浆液浸透到纱线内部，加强了纤维之间的黏结抱合能力，改善了纱线的物理结构性能，使经纱断裂强度得到提高，特别是容易引起经纱在织造时发生断裂的细节、弱捻等薄弱点得到增强，有效减少织机上的经纱断头率。对于化纤长丝，通过上浆改善纤维集束性还可减少毛丝的产生。

4.保证经纱弹性、可弯性及断裂伸长

上浆工序会影响经纱的弹性、可弯性及断裂伸长。通过严格控制纱线在上浆过程中的张力和伸长，选用较高弹性的浆膜材料，适度控制上浆率和浆液对纱线的浸透程度，使纱线内部部分区域的纤维仍保持相对滑移的能力，以保证纱线在上浆后仍保持良好的弹性、可弯性和断裂伸长。

5.获得合适的回潮率

合理的浆液配方使上浆后的纱线具有合适的回潮率和吸湿性。其吸湿性不宜过强，过度的吸湿会引起再黏现象。烘干后的纱线在织轴上因过度吸湿而相互之间粘连在一起，影响织造时的经纱开口，同时降低浆膜强度和耐磨性。

6.获得后整理的效果

在浆液中加入一些整理剂，例如热固性助剂或树脂，经烘房加热后便以不溶物的形式附着在纱线中，织制的面料就顺带获得了挺度、手感、光泽、悬垂性等持久存在的服用性能。

二、浆纱工艺流程

经纱在浆纱机上进行上浆，典型的上浆工艺流程如图4-3-2所示，纱线从位于经轴架上的整经轴中退绕出来，经过张力自动调节装置进入浆槽上浆，经湿分绞棒分绞和

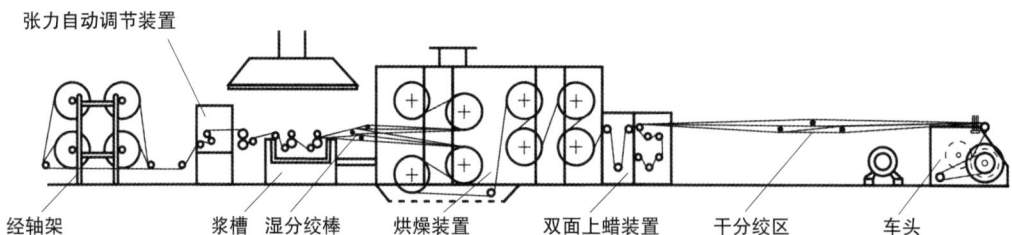

图4-3-2　上浆工艺流程图

烘燥装置烘燥后，通过双面上蜡装置进行后上蜡，干燥的经纱在干分绞区被分离成几层，最后在车头卷绕成织轴。

良好的上浆加工使经纱的强度增加，毛羽贴服，耐磨性大幅提升，弹性和柔性得到维持，且织轴中的纱线上浆均匀、伸长一致，回潮率合格，织轴圆整。

三、浆纱的要求

浆纱工序包括浆液调制和上浆两部分，所形成的半成品是织轴。浆液调制工作和上浆工作分别在调浆桶和浆纱机上进行。为实现优质、高产、低消耗，浆纱工序应符合如下要求。

1.对浆液的要求

（1）浆液应具有良好的黏附性和浸透性，并有适当的黏度，以保证对纱线有恰当的被覆和浸透。

（2）浆液经烘干后，能形成柔软、坚韧、光滑、富有弹性的浆膜，提高纱线可织性。

（3）浆液的物理和化学稳定性良好，浆液在使用过程中不变质，不损伤纱线，不改变纱线的色泽。

（4）浆纱所选用的黏着剂和助剂应来源充足，成本低廉，调浆操作简单方便，而且要易于退浆，退浆废液易于净化，不污染环境。

2.对上浆过程的要求

（1）上浆量应符合工艺设计要求，避免过大或过小。

（2）上浆均匀，轴间、片纱间、单纱间，都要保持一致，避免出现"毛轴"或"段毛"。使纱线具有良好的可织性（良好的耐磨性、毛羽贴伏、增强保伸、弹性等）。

（3）织轴卷绕质量良好，表面圆整，排纱整齐，没有"倒断头""并绞""绞头"等疵点。

（4）在保证优质生产的前提下，尽量提高浆纱生产效率、浆纱速度和质量控制自动化程度；尽量减少能源消耗，降低浆纱成本，提高浆纱生产的经济效益。

第四节　穿结经

穿结经是穿经和结经的统称，其任务是把织轴上的经纱按面料上机图的规定，依次穿过经停片、综丝和钢筘（图4-4-1）。穿结经是织前经纱准备的最后一道工序。

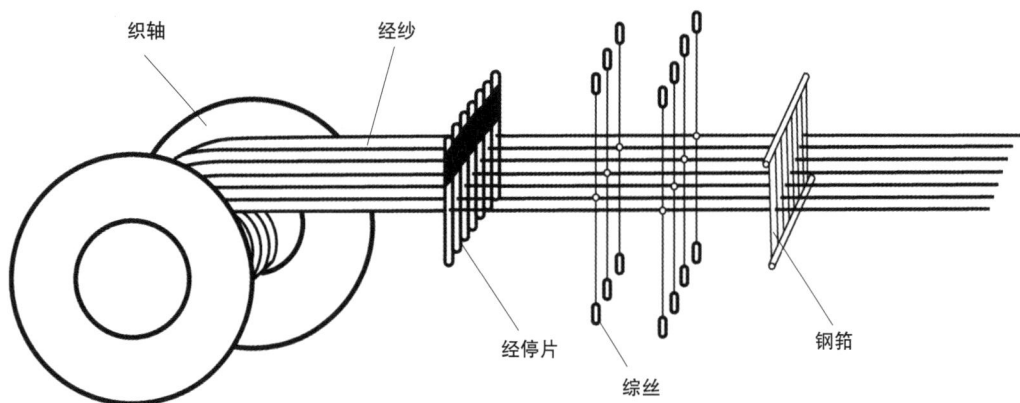

图4-4-1　穿经路径示意图

穿综的作用是使经纱在织造时能够根据设计需要而上下升降形成梭口，以便纬纱引入梭口与经纱进行交织。穿筘的作用主要在于使经纱保持所需的密度和幅宽，且钢筘能够顺利打纬。停经片是织机上经纱断头自停装置的探纱元件，其作用是在经纱断头时触发织机自动停车。

如果即将织造的面料品种的经纱上机工艺与刚刚完成织造的了机面料的经纱上机工艺完全相同，也可采用结经的方法，将新织轴上的经纱与了机织轴上的经纱逐根打结，然后将结头拉过经停片、综眼、钢筘直至机前。

在穿经前通常还需进行分经，把片经纱按类似平纹的规律逐根分离成上下层，在两层间穿入分绞线，分绞线严格确定了经纱的排列次序，避免经纱错位，十分有利于穿结经。此外，在织造过程中若发生断经，根据织机上经纱的分绞规律，可更便捷准确地找到断经的位置，顺利完成断经接头和穿综、穿筘工作。

穿结经是一项十分细致的工作，任何错穿（结）漏穿（结）等都直接影响织造工作的顺利进行，增加停机时间和产生面料外观疵点。除了经纱密度大、线密度小、纱线性质特殊、织物组织复杂的面料品种保留手工穿结经的方式，大多数穿结经工作采用自动和半自动的方式，以减轻劳动强度，提高生产效率。

一、穿经

穿经工作需要使用穿综钩和插筘刀引导经纱先后穿过对应的综眼和钢筘筘齿，如图4-4-2所示。

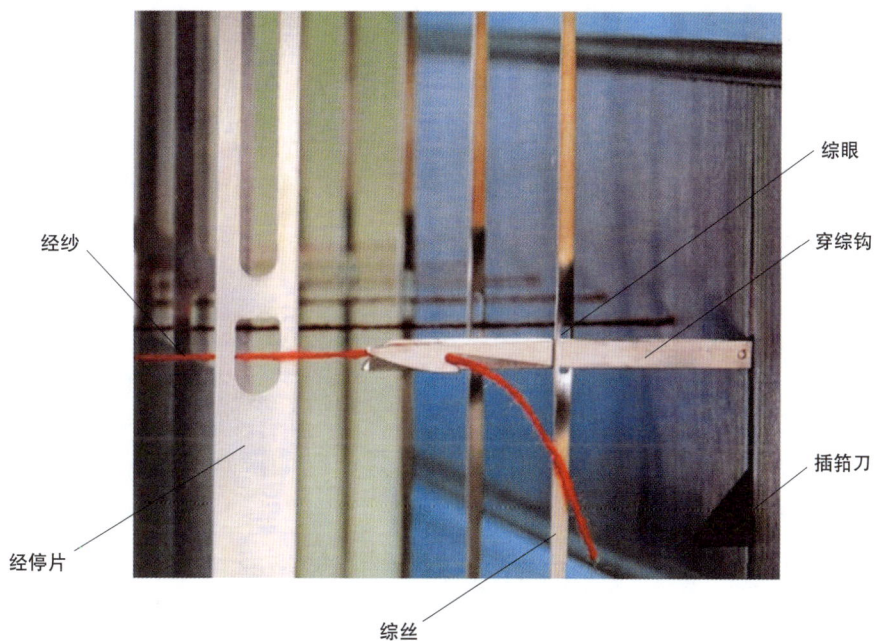

图4-4-2　穿经操作示意图

1.手工穿经

用穿综钩勾取织轴上的经纱，将经纱穿入经停片和综眼，再用插筘刀将经纱穿入筘齿。手工穿经劳动强度大，生产效率较低，每人每小时最多可穿1000～1500根。手工穿经的优点是适用于任何织物组织，适用于经纱密度大，纱线密度小，织物组织比较复杂的织物。除了上述类型的织物，目前纺织厂里大都采用自动和半自动穿经。

2.半自动穿经

半自动穿经采用半自动穿经机械和手工操作配合完成。以自动分经纱、自动分经停片和自动穿筘（电磁插筘）部分代替手工操作，降低工人劳动强度，生产效率提高，每人每小时穿经数可达1500～2000根。

3.全自动穿经

全自动穿经又称机械式穿经，分纱、分停经片、分综丝、引纱（穿经停片、综丝眼）和插筘五个动作全部由穿经机完成。全自动穿经机有两大类型：主机固定而纱架移动和主机移动而纱架固定。两种类型的机械都包括传动系统、前进机构、分纱机构、分（经停）片机构、分综（丝）机构、穿引机构、钩纱机构及插筘机构等。全自动穿经机大大减轻了工人的劳动强度。操作工只需监视机器运行状态，做必要的调整、维修，以及完成上下机的操作。全自动穿经机目前每小时可穿上万根，支持数十片综框及多种颜色的原料。

二、结经

结经是将了机织轴上的经纱与新织轴上的经纱逐根打结连接，然后拉动了机织轴的经纱，把新织轴的经纱依次穿入经停片、综眼、钢箔，从而完成穿经工作。但如果是新品种上机织造，或者织机的经停片、综丝、钢箔需保养维修或更换时，就不能采用结经的方式。结经只能用于经纱上机规格相同的面料品种，有手工结经和自动结经两种方式。

1.手工结经

手工结经由工人手工拾取了机织轴的纱尾与新织轴的纱头，将对应位置的纱尾与纱头逐一打结连接起来。手工结经适用于复杂或特殊品种的面料，但生产效率较低。

2.自动结经

自动结经机有固定式和活动式两种。固定式自动结经机在穿经车间工作，活动式自动结经机可以移动到织机机后操作，直接在织机上结经。结经机的机头结构较复杂，由挑纱机构、聚纱机构、打结机构、前进机构和传动机构五个主要部分组成。自动结经每小时可打结24000根经纱，生产效率高，工人完成经纱的梳理与定位，劳动强度降低。

第五节　并捻与定捻

有些面料采用多股或花式纱线织成，这就需要利用并捻工序，以获得符合设计要求的纱线。多数情况下，加捻纱线在织造前需要经过定捻来稳定纱线捻度，防止纱线退捻、扭曲。

一、并捻

将两根或多根细纱并合加捻成股线称为并捻，它是股线面料或花式纱线面料的经纬纱准备工序之一。

股线的并合根数、粗细、捻度、颜色等是在面料设计时确定的。两根或两根以上的单纱合并加捻制成的线称为股线。两根纱线并捻而成的线称为双股线。股线再合并加捻，称为复捻股线或捻线。多根股线并合加捻，形成直径达毫米级以上时，可称为绳。当多根股线和绳并合加捻形成直径达数十或数百毫米级的产品时，可称为缆。花式纱线大多由芯纱、饰纱、固纱三根不同的纱线并捻而成。在丝织行业中，普遍采用2.31tex

的蚕丝原料进行并合加捻再进一步加工和应用。

股线的捻度比较小或并合根数比较少时，可用并捻联合机一次性加工完成并合和加捻两道工序。若捻度比较大，往往分别完成并线工序和捻线工序，以提高股线质量和加工效率。

二、定捻

经过加捻的纱线，特别是加强捻后，纤维产生了扭应力，在纱线张力较小或自由状态下，纱线会发生退捻、扭曲。为防止这种现象的产生，使后道加工顺利进行，必要时通过定捻加工来稳定这些纱线的捻度。

纱线定形是利用纤维具有的松弛特性和应力弛缓过程，把纤维的急弹性变形转化成缓弹性变形，而纤维总的变形不变。通过加热和加湿，可加速该应力松弛，在较短时间内完成定形、定捻工作。

对于特殊品种的面料，例如绉类，应暂时定捻，以便加捻产生的扭应力在后整理时被重新释放出来，使面料轻微的高低不平整，柔化光泽，获得面料设计所预期的"绉效应"外观特征。

针对不同纤维原料、不同捻度，纱线定捻可采用不同的方式。

1. 自然定捻

自然定捻是将加捻后的纱线在常温常湿环境下放置一段时间，随着放置过程中纤维内部的大分子相互滑移错位，纤维的内应力逐渐减小，从而使捻度稳定。自然定捻的方式适用于捻度较小的纱线。

2. 加热定捻

加热定捻是把需定形的纱线置于一密闭空间进行加热，使纤维吸热升温，分子链节的振动加剧，分子动能增加，线型大分子相互作用减弱，无定形区中的分子重新排列，纤维的应力松弛加速，从而使捻度暂时稳定。由于合成纤维具有独特的热性质，因而定捻须控制在玻璃化温度之上、软化点温度之下进行，否则达不到定形目的。

3. 给湿定捻

给湿定捻是使水分子渗入纤维长链分子之间，增大彼此之间的距离，使大分子链段的移动相对比较容易，加速松弛过程的进行，从而使捻度稳定。同时，湿度的增加也可增大纱层之间的附着力，减少脱纬和纬缩现象。

4. 热湿定捻

热湿定捻是在热和湿的共同作用下快速有效地稳定纱线捻度。

第六节　卷纬

与经纱相比，纬纱的织前准备工序相对简单。在无梭织机上，不需要卷纬，而是用大卷装的筒子纬纱直接参与织造。对于有梭织机，在织造前还需进行卷纬，通过卷纬机把纬纱卷绕在纡管上，制成符合有梭织造要求并适合梭子形状的纡子（图4-6-1）。梭子是一种外形像船的木制装置，有一根卷绕着纬纱的木管（又称纡管）置于其中。

有梭织机的补纬方式有手工换梭、自动换梭和自动换纡三种。纡管的形式与补纬方式、卷绕的原料有关（图4-6-2）。纡管的管身上有深浅疏密不等的槽纹线，分别用于不同的纱线。表面没有槽纹或槽纹浅而疏的纡管，适用于纤细长丝。半空心的纡管常用于粗纺毛纱等。

纡子的卷绕成形由纡管的旋转、导纱器（或纡管）的往复和导纱器（或纡管）的级升三个基本运动来完成。部分卷纬机还采用差微卷绕的方式来防止纱圈的重叠。在织造过程中，纡子上的纬纱被高速牵引退解，为了保证纬纱退解顺利，且张力波动小，卷纬加工须满足如下工艺要求。

1.纡子成形良好

卷纬加工时应确保纡子表面平整，纱线之间无重叠，并且纡子的直径大小适中，纱线易退解、不脱圈。

2.卷绕张力均匀合理

纬纱卷绕张力与筒子退解时的张力以及卷纬时的纱线张力有关。通过张力器调节纱线卷绕张力，使纡子张力适当、均匀，获得合适的卷绕密度，保证纡子的容纱量，且不损伤纱线的力学性能。

3.备纱卷绕长度合理

在自动补纬织机上，从探纬部件探测到纬纱用完，提示换梭或换纡，到执行机构完成补纬，有少量的时间差，不同的探纬方式所需时间不等。为防止面料产生缺

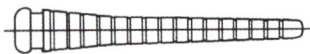

纡管

梭子

图4-6-1　梭子和纡管

（a）普通织机用纡管

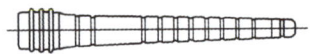

（b）自动换纡织机用纡管

（c）自动换梭织机用纡管

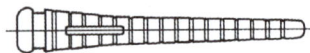

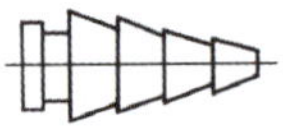

（d）半空心纡管

图4-6-2　几种不同的纡管

艺术经纬：面料设计与织造工艺

纬疵点，在纡子底部一般应绕有3纬左右的纬纱备纱。

4.纡管选配及绕纱量合理

纡子是在梭子中退解的，因此纡管的选用应考虑与梭子内腔相匹配。如果选用的纡管太短，纡子太细，则容纱量太少，增加换纬次数和回丝；如果选用的纡管太长，纡子太粗，则纬纱退解困难，甚至造成纬纱断头。

第七节　织造

经过前面的一步步准备工作，已为织造这一关键工序打下坚实的基础，面料通过织造最终得以成形。将经纬纱按照面料的组织规律在织机上相互交织而形成面料的加工称为织造。

织机主要由承担开口、引纬、打纬、卷取、送经五大运动的机构组成（图4-7-1）。基本的织造运动如图4-7-2所示。各个机构遵循织机工作时间序列，相互协调配合，完成面料的加工成形。典型的织机工作流程为：织轴上的经纱绕过后梁，经绞杆或经停装置后，在前方通过综框或综丝的升降而分成上下两层，形成梭口，引纬器将纬纱引入梭口，然后上下层经纱合并为一层，再以后续的升降规律形成开口，同时钢筘将纬纱推向织口，使经纬纱相互交织，形成面料的一行，周而复始，一行接着一行，逐步形成整块面料。与此同时，织轴不断放送适量的经纱，卷布辊及时将织好的面料引离织口，使织造过程持续进行。

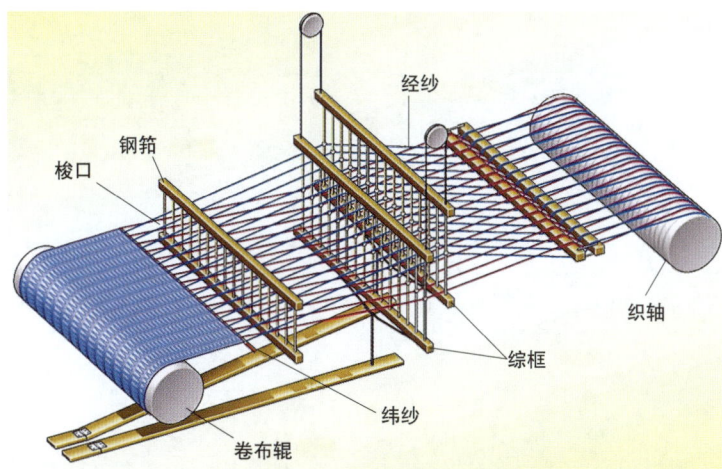

图4-7-1　织机基本构造

码4-7-1　织造

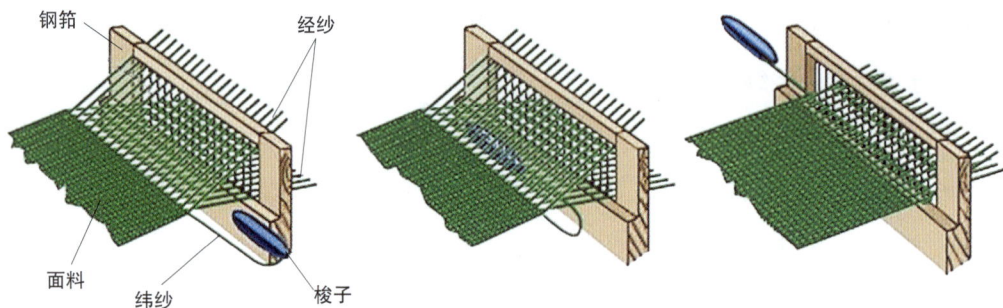

钢筘　　　经纱

面料

纬纱　　　梭子

图 4-7-2　织机织造中的开口、引纬、打纬运动

　　根据各种面料的特点和生产要求，结合相应时期的科技水平，诞生了各种各样的织机类型。不同历史时期、不同国家及地区、不同民族的织机和织造方式各有特色。不同原材料如棉 、麻、丝、毛等各个领域的织机部件和生产工艺也有所不同。根据织机开口机构的不同，可分为凸轮开口织机、连杆开口织机、多臂开口织机、提花开口织机、多梭口织机等。根据引纬方式的不同，分为有梭织机和无梭织机，无梭织机又根据其引纬机构的不同，分为剑杆织机、片梭织机、喷气织机、喷水织机等多种形式。根据织机可加工的面料幅宽和面料单位面积质量的大小，可分为宽幅织机、狭幅织机和轻型织机、中型织机、重型织机等。

练习与讨论

单选题

1. 纱线络筒的目的不包括（　　　）。
   A.增加卷装容量　　　　B.使卷装成形良好　　　　C.增加纱线股数
   D.利于后道工序　　　　E.便于运输
2. 剑杆织机属于（　　　）。
   A.有梭织机　　　B.无梭织机　　　C.提花织机　　　D.多臂织机

多选题

整经的方式有（　　　）。
A.分批整经　　　B.分条整经　　　C.分段整经　　　D.球经整经

判断题

1. 各种类型的经纱都需要经过上浆加工。（　　　）
2. 在织造之前，应先穿经，再进行整经。（　　　）
3. 穿结经是织前经纱准备的最后一道工序。（　　　）
4. 卷纬是把筒子上的纱线卷绕成符合无梭织造要求并成形良好的卷装。（　　　）

讨论题

1. 现代织造工艺与古代织造技艺之间最大的区别是什么？
2. 现代织造工艺包括哪些主要流程？
3. 浆纱工序的目的是什么？
4. 请简述分批整经和分条整经的区别。
5. "结经"适用于哪种类型的织物？不适用于哪种类型的织物？
6. 在现代织造的整个过程中，通常用到哪些现代化设备？
7. 请分析现代织造工艺中最为重要的步骤是哪个？为什么？
8. 你认为未来的织造工艺应该是什么样的？

第五章

织造原理

本章概要

　　织造，是一门经纬交织的艺术。本章主要介绍如何将设计好的方案绘制成上机织造工艺图解，通过织机各个机构之间的相互配合完成最关键的步骤——织造，使经纱与纬纱按照设计好的组织结构规律交织成所需的面料。

实践项目：上机图设计

　　在理解织造原理的基础上，将面料设计方案转化为包括组织图、穿筘图、穿综图、纹板图的上机图，使织机能够读取设计意图，并按设计要求执行织造任务。

第一节　织造五大运动

码5-1-1　织造五大运动

图5-1-1　开口运动示意图

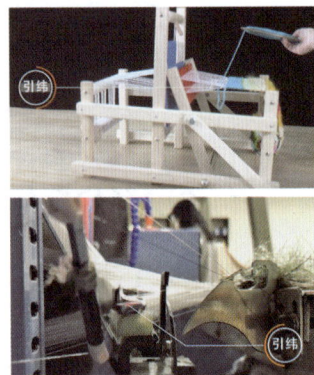

图5-1-2　引纬运动示意图

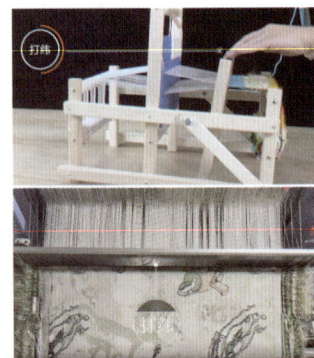

图5-1-3　打纬运动示意图

中国是纺织大国、纺织强国，织造技艺在我国有着悠久的发展历史和深厚的文化底蕴，无数华美的绫罗绸缎风靡世界。织造技艺承载着广大劳动人民的非凡智慧，一经一纬牵动着国家的发展与人民的幸福。织造，是一门经纬交织的艺术。

织造是指机织面料的形成过程，具体来讲，是把准备工序制备的具有一定质量和卷装形式的经纱、纬纱按设计的要求交织成面料的工艺过程。

在这个工艺过程中，包括了五个最为关键的动作，称为织造的五大运动：开口、引纬、打纬、卷取和送经。

经纬纱的交织是形成机织面料的必要条件。要实现经纬交织，必须把这些经纱按照设计好的组织结构规律分成上下两层，形成能供纬纱顺利引入的通道，称为梭口。待纬纱引入梭口之后，两层经纱合并为一层，再以后续的组织结构规律上下分层，形成新的梭口，如此反复，这就是经纱的开口运动，简称开口（图5-1-1）。

引纬是将纬纱引入由经纱开口所形成的梭口中，以便与经纱实现交织，形成面料（图5-1-2）。

由于梭口开启遵循特定的运动规律，有一定的时间周期，因此引纬必须在时间上与开口进行精确配合，避免引纬器对经纱造成损伤。引入的纬纱张力应大小适宜，避免出现断纬和纬缩等疵点。

打纬是依靠钢筘的前后往复摆动，将引入梭口的纬纱一根根推向织口，与经纱较为紧密地进行交织，形成符合设计要求的面料（图5-1-3）。

纬纱被打入织口形成面料之后，应及时将织好的这部分面料引离织口，收集卷绕起来。与此同时，经轴上必须按照交织的需求供应出所需长度的经纱，并使经纱保持均匀的张力（图5-1-4）。

图5-1-4　卷取和送经运动示意图

完成面料卷取和经纱供应的运动分别称为卷取和送经，两者一般同时进行。

第二节　织机五大机构

在前面的学习中，已经了解了织造的五大运动是：开口、引纬、打纬、卷取和送经。那么在织机上，就有五大机构与之分别相对应。

以小样多臂织机为例（图5-2-1），包括如下组成部分。

码5-2-1　织机五大机构

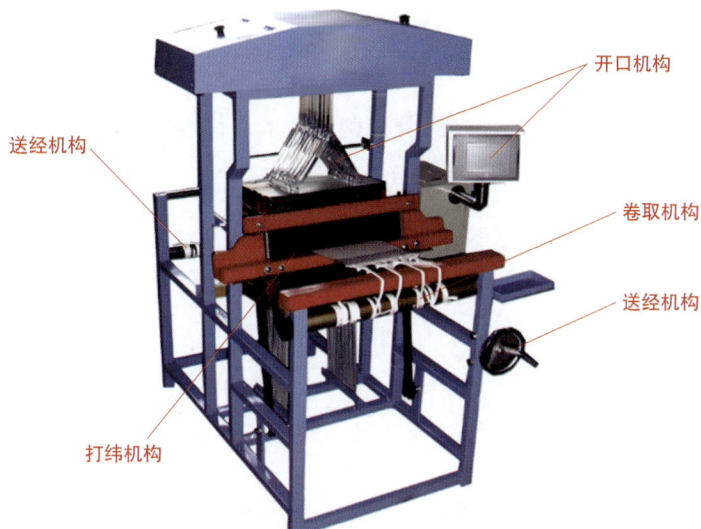

图5-2-1　织机五大机构示意图

笔记

（1）开口机构。根据面料组织结构，把经纱上下分开，形成梭口，以供引纬。

（2）引纬机构。把纬纱引入梭口。

（3）打纬机构。把引入梭口的纬纱推向织口，形成面料。

（4）卷取机构。把已经织好的面料引离织口，卷成一定的卷装。

（5）送经机构。按交织的需要供应经纱，并使经纱具有一定的张力。

从经纱在织机上通过的路径，可以进一步了解织机的构造（图5-2-2）。经纱从织轴上由送经机构送出，绕过后梁和经停片（有的织机没有经停片），再按一定的规律逐根穿入综框的综丝眼，然后再穿过钢箌的箌齿，到达面料的形成区域，经过织造过程与纬纱交织成面料后，继续向前绕过胸梁、卷取辊、导布辊卷绕在卷布辊上。

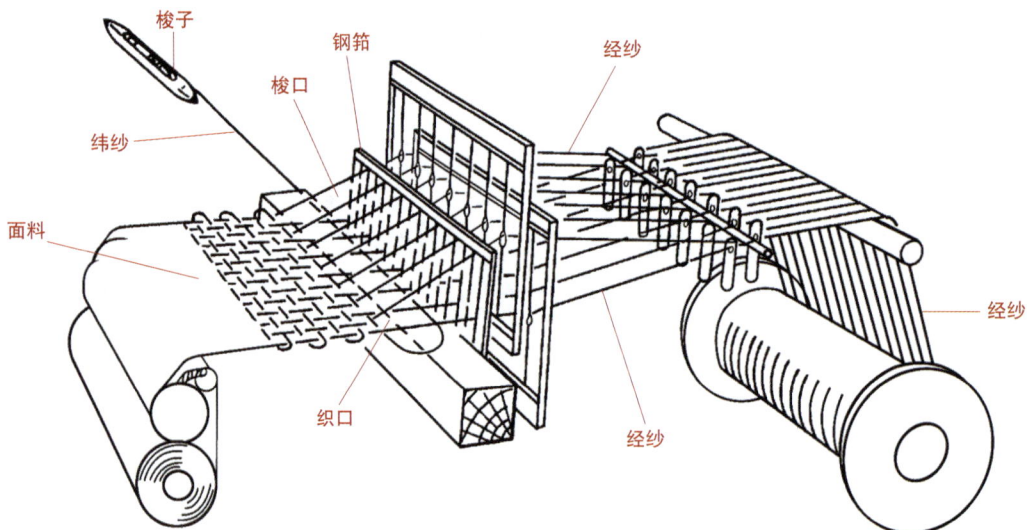

图5-2-2　织机构造示意图

综框由开口机构控制，作上下交替运动，使经纱分成两层，形成梭口；纬纱由引纬机构引入梭口，由钢箌将纬纱推向织口。

织机有多种类型，有针对棉、麻、丝、毛不同原材料的织机，有针对轻、重、厚、薄不同面料品种的织机，也有不同幅宽的织机。

按照开口机构的不同，可分为凸轮开口织机、连杆开口织机、多臂开口织机、提花开口织机。在本书的后续实践操作示例中，就采用了多臂开口的织机，这类织机可以织造组织结构比较复杂的小花纹织物。

按照引纬机构的不同，可分为有梭织机（图5-2-3）和无梭织机（图5-2-4）。

有梭织机是采用梭子来引纬的，纬纱卷绕在纡管上储存于梭子中并根据需要释放出来（图5-2-5）。

如果将纡管上纬纱的头端引出并用布边夹持住，当梭子获得动能沿着上下层经纱形成的梭口空间飞行时，纬纱便从纡管上退解下来并在其后留下纬纱；当梭子飞行至织机另一侧时，纬纱在梭子的带领下穿过梭口，并被引至织机的另一侧，完成引纬。

无梭织机的引纬方式与有梭织机不同，卷绕了大量纬纱的筒子静止地放置在织机一侧，由往复运动的载纬器夹持纬纱穿过梭口完成引纬。一旦纬纱引过织机，纱线便被剪断，通常在织物边缘外留下一定长度的纬纱（有时这段纬纱被折进面料形成折入边）。由于纬纱的卷装不参与运动，所以纬纱的卷装可以做得较大，并且可以直接利用自动络筒机的筒子作为纬纱。由于上述特点，无梭织机获得了比有梭织机更高的生产效率，更便捷的操作方式，更宽的织造幅宽，也更有利于织机速度的提高。

无梭织机的载纬器可以采用剑杆、片梭、喷气、喷水等形式（图5-2-6）。

此外，还有一些特殊的织机类型，例如纱罗织机、带织机、绒织机、毛巾织机、多梭口织机、三维织机等。

图5-2-3 有梭织机

图5-2-4 无梭织机
（本例为剑杆引纬的织机）

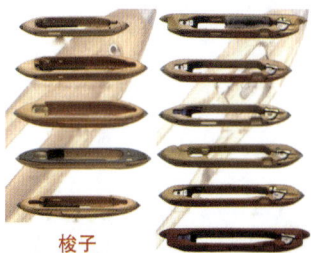

梭子

纡管

图5-2-5 梭子与纡管

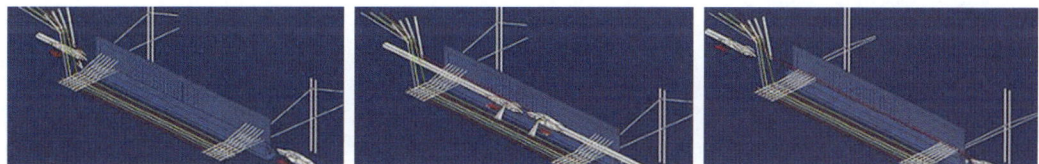

（a）剑杆引纬

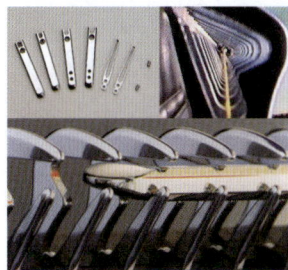

（b）片梭引纬

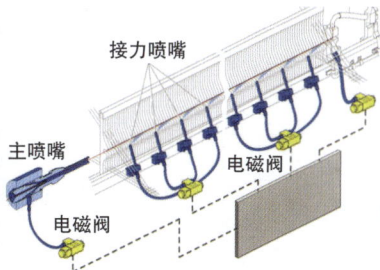

接力喷嘴

主喷嘴

电磁阀

电磁阀

（c）喷气引纬

（d）喷水引纬

图5-2-6 四种无梭引纬示意图

自古以来，世界各地织机的发明创造种类各异，融入了当时先进的科技和当地的文化习俗。不过，形形色色的织机构造万变不离其宗，都是通过开口、引纬、打纬等机构生产出实用而富有艺术气息的纺织品，是人类智慧的结晶。

第三节　上机图

一、上机图的组成

上机图是表示面料上机织造工艺条件的图解。绘制上机图是设计新面料时必不可少的环节。上机图包括组织图、穿筘图、穿综图、纹板图四个部分，这四个部分按照一定的位置关系进行排列，其排列位置一般有以下两种形式：

（1）组织图在下方，穿综图在上方，穿筘图在两者中间，而纹板图在组织图的右侧（图5-3-1）。

（2）组织图在下方，穿综图在上方，穿筘图在两者中间，而纹板图在穿综图的右侧或左侧（图5-3-2）。

如果设计的面料中具有不同的布边组织，那么在上机图中就需要将布边的信息包括在内。

上机图中的组织图、穿筘图、穿综图、纹板图四个部分分别与织机上的面料、钢筘、综丝、纹板的位置相对应

码5-3-1　上机图的组成

图5-3-1　上机图位置
关系（第一种形式）

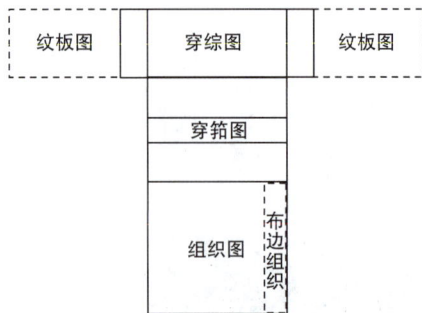

图5-3-2　上机图位置
关系（第二种形式）

（图5-3-3、图5-3-4）。

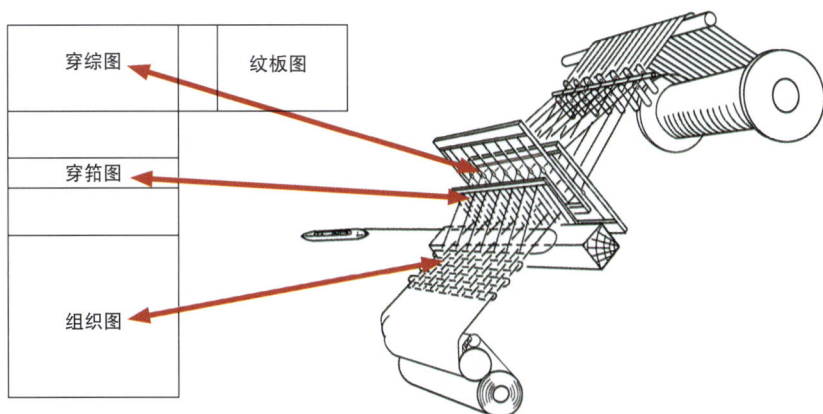

图5-3-3　组织图、穿筘图、穿综图与面料、钢筘、综丝的位置对应关系

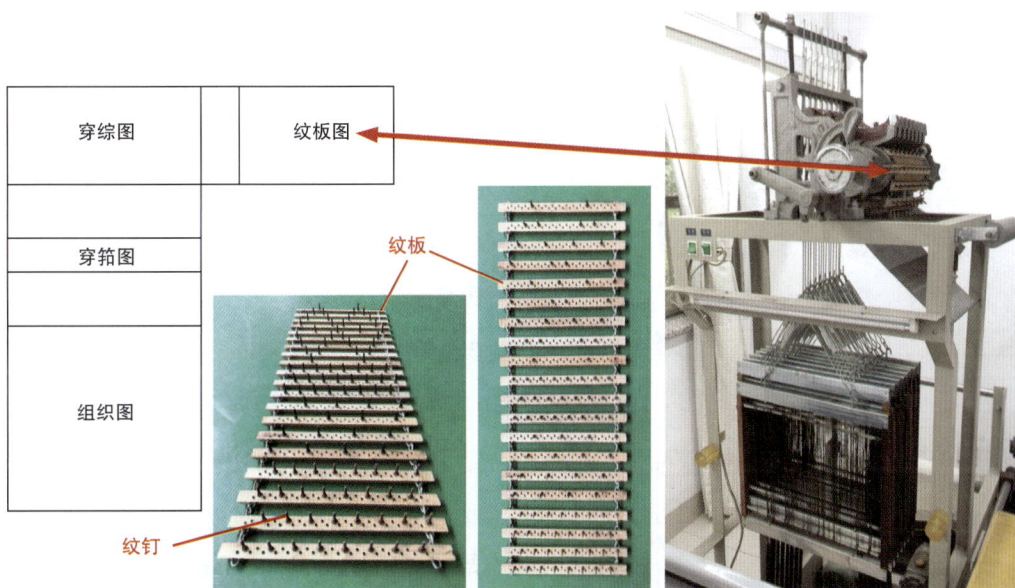

图5-3-4　纹板图与织机纹板的对应关系

二、上机图的画法

上机图的四个组成部分在绘制时各有其方法和规范。

（一）组织图

组织图表示面料中经纬纱的交织规律。组织图的概念与画法，在本书前面部分已进行了介绍。

码5-3-2　上机图的画法

（二）穿综图

穿综图表示组织图中各根经纱穿入各页综片顺序的图解。穿综方法应根据面料的组织、原料、密度来定。由于织物组织的变化多种多样，因而穿综的方法也各不相同。

穿综图位于组织图的上方。每一横行表示一页综片（或一列综丝），综片的顺序在图中是自下向上（在织机上由织口向织轴方向）排列；每一纵行表示与组织图相对应的一根经纱。如某一根经纱穿入某一页综内，可在其经纱纵行与综页横行相交叉的方格处用符号填于穿综图中。

穿综的原则是：浮沉交织规律相同的经纱一般穿入同一页综片中，必要时也可穿入不同的综页中，而不同交织规律的经纱必须分穿在不同的综页内。穿综图至少需要画出一个穿综循环。

常用的穿综方法有顺穿法、飞穿法、照图穿法、间断穿法、分区穿法等。

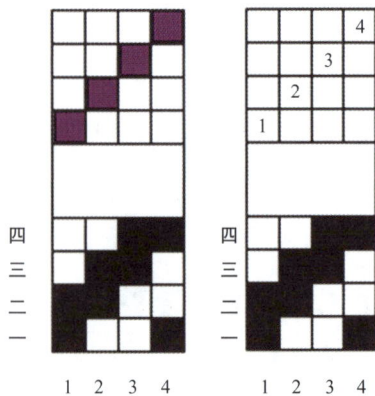

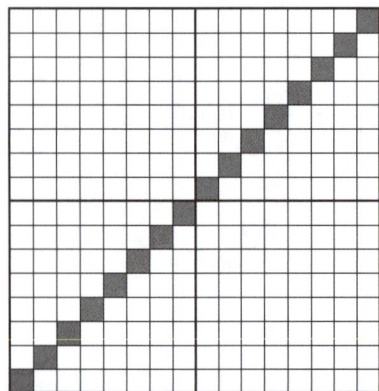

1.顺穿法

顺穿法是把一个组织循环中的各根经纱按自然数的先后顺序穿在每一页综片上，一个组织循环的经纱根数等于所需的综片页数（图5-3-5）。密度较小的简单面料的组织和某些小花纹组织均可采用顺穿法。该穿综法的缺点是当组织循环经纱根数多时，会过多地占用综片，给上机、织造带来困难。该方法的优点是操作简便。

2.飞穿法

飞穿法一般用于经纱密度较大的情形。当面料密度较大而经纱组织循环较小时，如果采用顺穿法，则每片综页上由于综丝密度过大，织造时经纱与综丝过多地摩擦，会引起断头或开口不清，造成

图5-3-5　顺穿法示意图

织疵而影响生产质量。为了使织造顺利进行，常使用复列式综框（一页综框上有2~4列综丝），这样就可以减少每页综上的综丝数，减少经纱与综丝之间的摩擦（图5-3-6）。

3.照图穿法

照图穿法可以节省综页的数目。在面料的组织循环大或组织比较复杂，但面料中有一部分经纱的浮沉规律相同的情况下，可以将运动规律相同的经纱，穿入同一页综片中，这样可以减少使用综页的数目（图5-3-7）。因此，这种穿综方法又称省综穿法，即节省了综页的数目。该方法在小花纹织物中广泛采用。

照图穿法是按照组织图的规律进行穿综的。有的组织图中有对称处，穿综图也相应对称，因而把这种穿综法称为山形穿法或对称穿法。

采用照图穿法，虽然可以减少综片页数，但也有不足之处。例如，因各页综片上综丝数不同，使每页综片负荷不等，综片磨损也就不同；穿综和织布操作比较复杂，不便于记忆。

4.间断穿法

间断穿法是穿完一个分穿综循环后，再穿另一个的方法。如图5-3-8所示的组织结构是由两种组织并合成的格子花纹。在确定条格组织穿综时，对第一种组织按其经纱运动规律穿若干个循环以后，又按另一种穿综规律穿综，每一种穿综规律成为一个穿综区，每个区中有各自的穿综循环，称为分穿综循环。

5.分区穿法

分区穿法通常用于组织结构中包含两种或两种以上组织，或用不同性质的经纱织造的场合。如图5-3-9所示的组织结构中包含

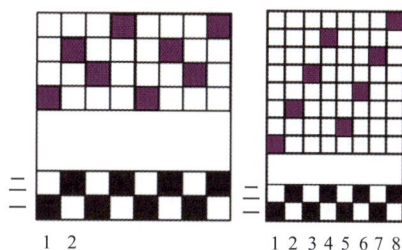

图5-3-6　飞穿法示意图

图5-3-7　照图穿法示意图

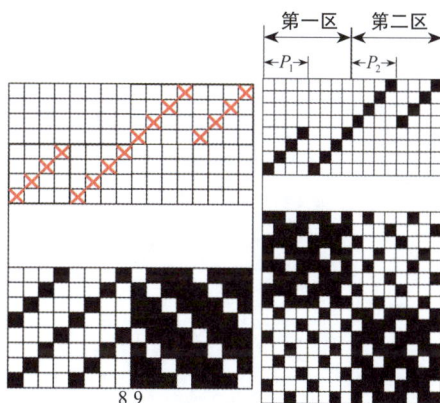

图5-3-8　间断穿法示意图

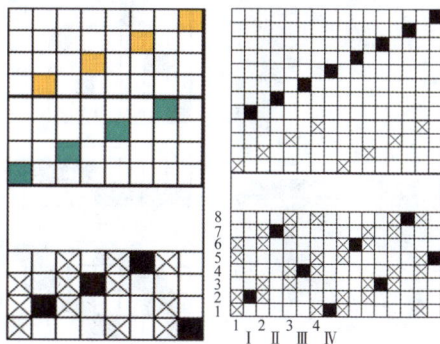

图5-3-9　分区穿法示意图

两种不同的组织，同时它们是间隔排列的，图中所示的穿综方法称为分区穿法，即把综页分为前后两个区，各区的综页数目根据织物组织而定。

穿综方法是多种多样的，要确定穿综方法，可以根据面料的设计方案，从组织结构、经纱密度、经纱性质和操作几个方面综合考虑。操作便利的穿综方法可提高劳动生产率和减少穿错的可能性。

（三）穿筘图

在上机图中，穿筘图位于组织图与穿综图之间。用意匠纸上两个横行表示（图5-3-10）。在穿筘图中，经纱在筘片间的穿法，是以连续涂绘符号于一横行的方格内表示穿入同一筘齿中的经纱根数，而穿入相邻筘齿中的经纱，则在穿筘图中的另一横行内连续涂绘符号。每筘齿内穿入数的多少，应根据面料的经纱密度、线密度以及组织结构的要求而定。选择小的穿入数会使筘号增大，虽有利于经纱均匀分布，但会增加筘片与经纱间的摩擦而增加断头。如选择大的穿入数，则筘号减小，经纱分布不匀，筘路明显。因此，在选用每筘穿入数时，一般对经密大的面料，穿入数可以取大一些；色织布和直接销售的坯布，穿入数适宜小些；需经过后处理的面料，穿入数可以大一些。但要注意，在选择数值时，应注意尽可能等于其组织循环经

每筘齿内穿入4根经纱

图5-3-10　穿筘示意图

纱数或是组织循环经纱数的约数或倍数。

穿筘方法除了用方格法表示外，还可以用文字说明、加括号或横线以及其他方法来表示。

在经纱穿筘中，由于某些面料结构上的要求，需要在穿一定筘齿后，空一个或几个筘齿不穿，习惯称为空筘。空筘也有几种不同的表示方法。例如在穿筘图中，空筘处以符号表示。如果只画穿综图和纹板图时，空筘也可以在穿综图上以空白方格表示。在用数字法表示穿综和穿筘方法中，空筘用"0"表示。

（四）纹板图

纹板图是控制综框升降运动规律的图解（图5-3-11）。它是多臂开口机构植纹钉或输入提综指令的依据。它在上机图中的位置有两种，因而绘图方法也有两种。下面以纹板图位于组织图右侧为例进行说明。

每一纵列表示对应一页综片（图5-3-12）。其顺序是自左向右，其纵列数等于综页数。每一横行表示一块纹板或一排纹钉孔。横行数等于组织图中的纬纱根数。

纹板图的画法是：根据组织图中经纱穿入综片的次序依次按该经纱组织点交错规律填入纹板图对应的纵行中，如图5-3-13的穿综图是采用顺穿法。因此描绘的纹板图与组织图完全一致。由此可知，采用这种上机图的配置法，当穿综图为顺穿法时，其纹板图等于组织图。

当穿综图为照图穿法时，纹板图与组织

图5-3-11　纹板与综框升降的联动关系

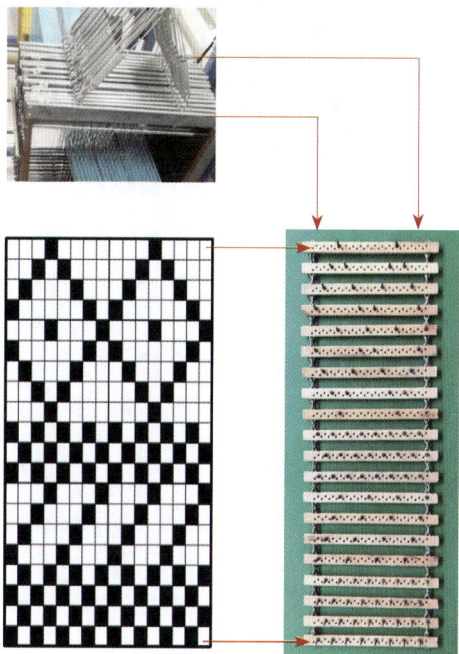

图5-3-12　纹板图、纹板、综框对应控制关系

图并不相同，组织图中规律一致的经纱穿入同一页综框，织造过程中将同时进行升降运动，纹板图应按照经纱的每一种运动规律——对应地进行绘制。

组织图、穿综图和纹板图三者是紧密相连的，变动其中任何一个，便会使其他一个或两个图同时变动。采用不同的穿综图和纹板图，可以织出不同花纹的面料。

如果已知组织图、穿综图和纹板图三者中的任意两个，即可绘制第三个图（图5-3-14）。例如，已知组织图和穿综图，可绘制出纹板图；已知组织图和纹板图，可绘制出穿综图；已知穿综图和纹板图，可绘制出组织图。三者的对应关系非常重要，是否掌握这部分内容决定了在设计实践过程中能否准确将设计意图按要求转化成机器语言，再顺利织成与预期相符的面料。

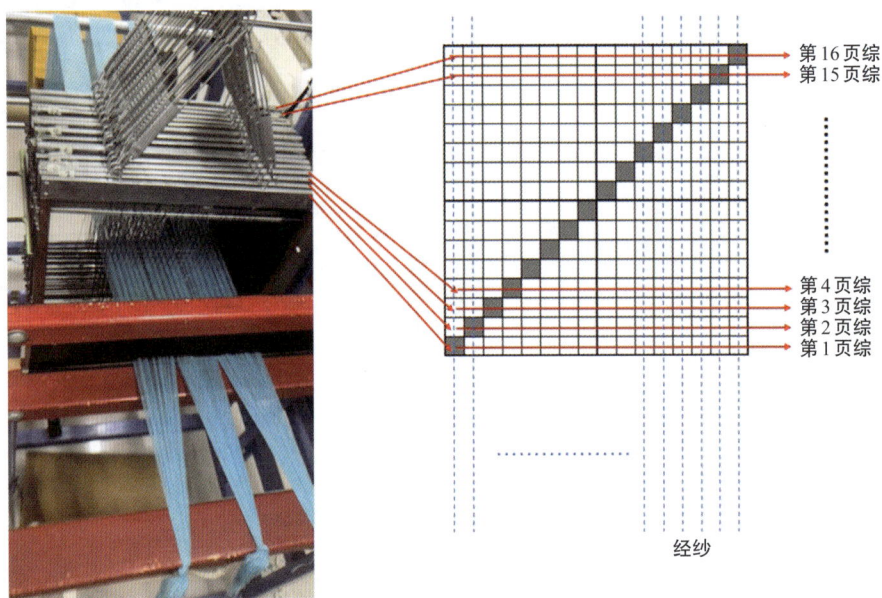

图5-3-13　顺穿法中经纱穿入各页综框的对应关系

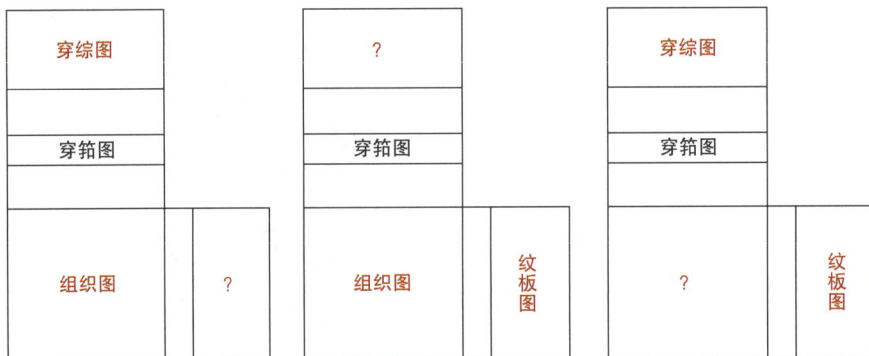

图5-3-14　组织图、穿综图和纹板图三者之间的相互关系

练习与讨论

单选题

1. 上机图中哪个图的规律与织得的面料相对应（　　　）。
   A.组织图　　　　　B.穿筘图　　　　　C.穿综图　　　　　D.纹板图

2. 省综穿法又叫作（　　　），该方法可以在一定程度上节省综页的使用数目。
   A.顺穿法　　　　　B.分区穿法　　　　　C.照图穿法
   D.飞穿法　　　　　E.间断穿法

3. 采用哪种穿综方法可以得到与组织图一致的纹板图（　　　）。
   A.顺穿法　　　　　B.分区穿法　　　　　C.照图穿法
   D.飞穿法　　　　　E.间断穿法

多选题

织造过程中的关键运动包括（　　　）。
A.开口　　　　　　B.引纬　　　　　　C.打纬
D.卷取　　　　　　E.送经

判断题

1. 设计部门准备在某一台织机上进行一款新面料的开发，设计上机图时，已知组织图与穿综图，可以有多个不同的纹板图。（　　　）

2. 穿筘时，可以根据设计要求，每个筘齿穿一根经纱、两根经纱、多根经纱，或有时候多穿而有时候少穿甚至不穿经纱。（　　　）

3. 织机的五大机构与五大运动相对应。（　　　）

4. 上机图中，穿综图与穿筘图的形式较为类似，两者位置可以互换。（　　　）

讨论题

1. 织造的五大运动分别起什么作用？
2. 上机图包括哪些组成部分？分别表示什么含义？
3. 织造时不可或缺的织机部件和操作步骤是哪些？
4. 请用一小段文字简洁明了地描述机织面料是如何形成的？
5. 请展开想象，最理想的织机应该是什么样的？
6. 为什么要画出上机图再进行织造？

第六章

织造实践流程与方法

本章概要

　　通过整个织造实践过程的操作演示，体验经纱准备、纬纱准备、上机织造各个环节的操作方法及注意事项。详细介绍织机设备上的操作，并且展示了在模型织机、框式织机、简易工具上进行手工织造的操作方法。广泛适用于在各种环境和条件下开展面料织造活动。

实践项目：上机织造或手工织造

　　请根据本章介绍的织造流程与方法，操作织机或采用手工织造的方式，将设计付诸实践，亲手织出美观而实用的面料作品。

经纬纱在参与上机织造之前需要经过一系列准备加工。经过准备加工，经纬纱的可织性得到提高，半成品卷装符合织机加工以及面料成品规格的要求。

经纱的准备加工包括络筒、（并捻、倒筒、）整经、（浆纱、）穿结经等。其中，络筒、整经、浆纱是对产品质量影响较大的关键加工工序。具体的加工工序根据面料品种需求及纱线规格而定，例如有些面料由单纱织成而无须并捻，有些面料由较牢固的股线织成而无须浆纱。

纬纱的织前准备工序可包括络筒、（并捻、倒筒、）定形、（卷纬）等。具体加工工序根据面料品种需求、纱线规格及织机引纬方式而定，例如无梭织机采用筒子纱供纬而无须卷纬。

在面料设计织造实践操作中，根据设计方案和织造设备的实际情况，进行经纱和纬纱的准备工作。下面以采用多臂织样机的设备为例介绍织造实践流程与方法。

第一节　经纱准备

经纱的准备工作十分重要，其加工质量直接影响后道工序的生产效率和面料质量。在织造实践过程中，可结合前述现代织造工艺和传统织造技艺，参考以下操作步骤与注意事项开展实践。

一、整经

1.估算用量

根据所织面料的总长度、机前机后必须预留的长度、经向织缩率、损耗等，估算每根经纱的长度；根据需要考虑面料两侧的边纱根数，边纱的存在有利于形成平直而稳固的布边（图6-1-1）；根据所织面料的宽度、纬向织缩率、经纱排列密度、经纱总根数等，估算所需经纱的总量，以便采购或定制加工。

码6-1-1　整经

2.经纱绕纱

在合适长度的绕纱板（或摇纱架等装置）上进行绕纱（图6-1-2）。所有经纱张力应该均匀、恒定，从而减少后道加工中的经纱断头和织疵；绕纱过程中应保持纱线的强力和弹性，尽量减少对纱身的摩擦损伤，避免恶化纱线性能；确保绕纱步骤获得足够的经纱长度和根数。

3.分经绕纱

绕纱时注意对经纱进行分经，将全幅经纱一根一根分开排列，按平纹的规律形成上下层，排列序号为奇数的经纱形成一层，序号为偶数的经纱形成另一层，以便严格确定经纱排列次序；经纱在绕纱板上呈"8"字形（图6-1-3），中部在特定位置交叉，使每根经纱的排列顺序不会变动，便于穿综、穿筘，也便于快速准确地找出任意某根经纱的位置，应对织造时断经接头的工作，同时也使经纱自始至终都较整齐。

4.绕纱手法

某种纱线首次开始绕纱的时候，将其固定在绕纱板的一端，按面料上设计的经纱排列顺序（即左侧布边的根数、花纹部分各个纵条纹自左向右按顺序排列的相应根数、右侧布边的根数）进行绕纱。每绕一整圈相当于两根经纱。不同纱线交替绕纱时，可将暂时不绕的纱线置于一端待用，无须剪断或打结；根据设计的条纹排列顺序再次用到该纱线时，使其继续参与绕纱即可。纱线如须打结，应打在两端，避免在中间打结，以保证经纱长度范围内的质量和可织性。在绕纱过程中若发现纱疵或质量不佳，应舍弃该段纱线，并在绕纱板某一端打结后继续绕纱。

图6-1-1　布边

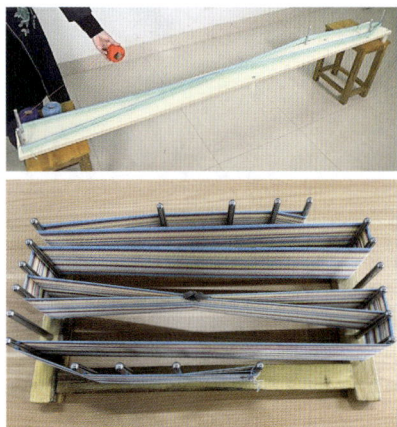

图6-1-2　在不同的绕纱板上进行绕纱

图6-1-3　分经

5. 固定分绞

按设计要求的排列规律绕完所有纱线根数之后，在"8"字形的两层经纱之间穿入分绞线，对分绞的部位进行固定，避免经纱错位。

6. 经纱上机

将经纱整齐地转移到织机后方妥善放置，并将全部经纱的末端绕过后梁再整齐地固定于经轴上的特定位置，经纱前端无须固定。用两根分绞棒分别取代分绞线（图6-1-4），并将每根分绞棒的两端都固定在织机后方的相应支架上，以免掉落。转动经轴，将经纱暂时卷绕于经轴上，直至分绞棒后的经纱均伸直、拉紧、分绞清晰，且分绞棒前留出的经纱前端长度能够到达织机前方的胸梁。将绕纱时原本连在一起的经纱束的最前端整齐地剪断，使经纱根数与面料所需一致，且每根经纱长度相等。

接下来，将按照设计要求进行穿综、穿筘。

图6-1-4　机后两根分绞棒

码6-1-2　穿综

二、穿综

要使经纱按照设计的规律上下分层形成开口，须有开口机构带动经纱做升降运动。综框便是织机开口机构的重要组成部分（图6-1-5）。每一页综框中装有大量综丝。综丝在综框中可根据经纱的位置和密度以及穿综的需要而左右移动。综丝的数量也可根据需要进行增减。每一根综丝的中间有综眼，经纱就穿在综眼里。因此，综框的升降带动经纱上下运动形成梭口，纬纱引入梭口后，与经纱交织形成面料。

按照面料设计要求进行穿综的过程可以参考以下操作步骤与注意事项。

1. 确保安全

穿综操作须在织机无动力的"准备"状态而非"工作"状态下进行。可在织机上直接进行穿综，也可

图6-1-5　做升降运动的综框

将综框从织机上卸下来单独进行操作（若是卸下来的，重新安装回去时务必注意综框吊挂顺序及上下连接的正确性）。

2.估算用量

根据经纱总根数和采用的具体穿综方法，估算各页综框中分别需要多少根综丝。例如，在具有16页综框的织机上，采用顺穿的穿综方法，共320根经纱，每一页综框中需要用到20根综丝；如果采用照图穿法等其他穿综方法，那么各页综框中分别所需的综丝数量还要结合穿综图的实际情况而定。如果某片综框上原有的综丝数不够，可以打开综框两侧的钩子，整齐地增加相应根数的综丝，再将两侧固定好；如果原有综丝数太多，多余的综丝堆积在综框内的两侧，则会挤压两侧经纱引起幅宽减少，影响经纱顺利通过并在织造过程中不断磨损经纱，因此需移除一些多余的综丝。

3.穿综配合

可由一人在机前、一人在机后，按照穿综图的规律相互配合进行穿综（图6-1-6、图6-1-7）。根据穿综动作的便利性，织机的钢筘、胸梁等机构也可暂时拆卸下来妥善置于一边，待穿好后再安装回机器上；也可不拆卸而直接穿综。位于机前的操作者手拿穿综钩，钩口朝下，按照穿综规律插入相应的某页综框中某根综丝的综眼里；此时，位于机后的操作者按照分绞的顺序，将最右旁侧的一根经纱搭入穿综钩，机前的操作者从综眼里抽回穿综钩，将该经纱穿过综眼带至前方，一根经纱穿综完成。

4.按序穿综

根据穿综图的设计要求，按从左至右（或

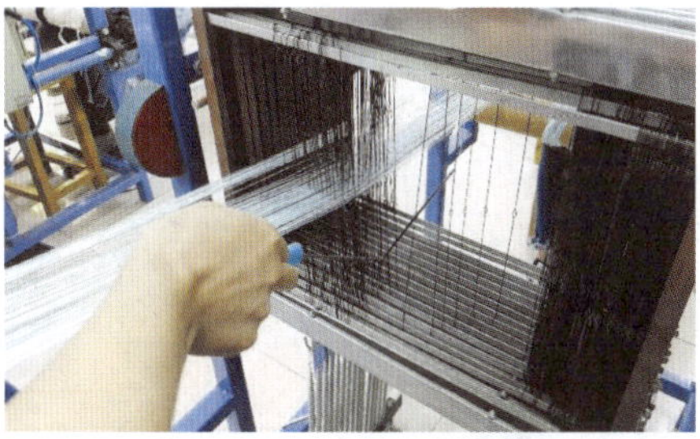

图6-1-6 穿综操作示意图

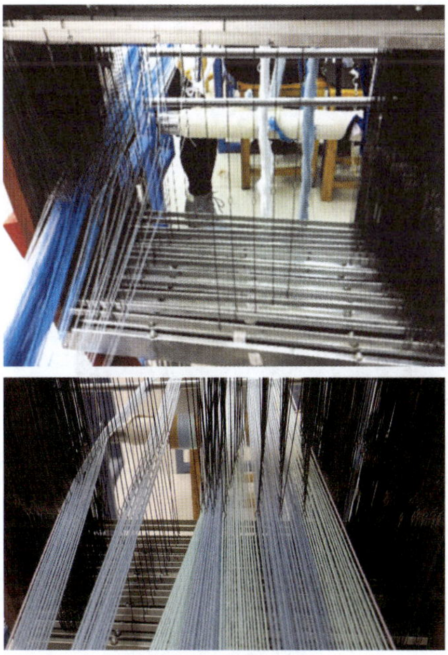

图6-1-7 经纱以顺穿法穿过综丝的过程及穿好后的示意图

笔记

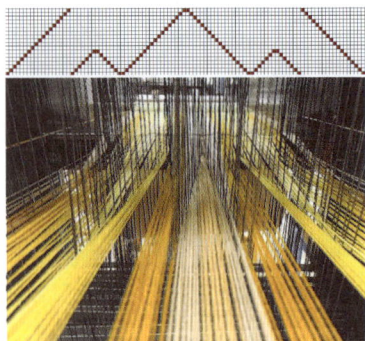

图6-1-8 经纱以示意图照图穿法
穿过综丝的示意图

码6-1-3 穿筘

图6-1-9 穿筘过程

图6-1-10 已穿过钢筘的经纱

从右至左）的顺序，每次都将分绞处最旁侧的纱线穿入相应的综丝，一根一根地完成所有经纱的穿综工作（图6-1-7、图6-1-8）。在此过程中需要非常耐心、仔细，同步检查色纱排列是否正确、色纱循环是否与穿综循环合理匹配、穿综有无漏穿或重复穿等，避免出现质量问题。

三、穿筘

为了实现打纬、经纱分布密度控制、面料幅宽控制，经纱须进行穿筘。钢筘由特制的直钢片排列而成，这些直钢片称为筘齿，筘齿之间有间隙供经纱通过。在穿筘实践过程中，可参考以下操作步骤与注意事项。

1.筘号选取

在穿筘之前，须确保钢筘的筘号与设计要求相匹配，使经纱密度与钢筘的密度尽可能相等、成倍数关系或满足花式排列的需求。筘号，即筘齿密度，是钢筘的主要规格，通常标于钢筘上方或两侧。筘号有公制和英制两种，公制筘号是指10cm长度内的筘齿数，英制筘号是指2英寸长度内的筘齿数，1英寸约等于2.54cm。如果筘号大小不适合设计要求，可将钢筘从织机上卸下，选择合适的钢筘更换上去。

2.按序穿筘

根据所需面料的幅宽，并使面料在织机上左右居中，确定经纱在钢筘中从左至右（或从右至左）穿筘的起点和终点，即确定第一根、最后一根经纱的位置。按设计要求的穿筘规律，用插筘刀将相应根数的经纱穿入某个筘齿间隙，按经纱排列的顺序逐次穿筘（图6-1-9），直至穿完所有经纱（图6-1-10）。可以在所有经纱全部穿综完毕之后再统一进行穿筘；也可穿一根综后立即将该经纱穿筘，再给下一根经纱穿综过筘，穿综、穿筘同步进行。操作过程应规范、耐心、仔细，如发生错误将直接导致面料出现质量问题。

3.一经多用

由于穿综、穿筘费时费力，同一系列的面料尽量共用经纱，其穿综、穿筘规律一般不轻易改动。因此，在设计时应予以充分考虑，在一致的穿综、穿筘规律基础上，尽可能变化出丰富多彩的系列产品（图6-1-11）。此外，一些特殊的穿筘方法，如变化的穿筘密度（图6-1-12）、空筘、花筘等可形成特殊的面料外观效应。

四、调匀经纱张力

大生产中的整经工序一般对经纱张力均匀度等方面的要求比较高，在完成穿经工序并将经纱头端均匀地固定后便可开始织造工序。但在织样机上开展实践的过程中，完成穿综、穿筘之后，可能还存在各根经纱张力不均一的情况，如果直接开始织造，会导致经纱开口不清、断经、纬纱弯曲、花纹变形、面料不平整等问题。因此，有必要调节经纱张力，使每根经纱在整个长度范围内都能保持均匀的张力和一致的长度。该调节过程可参考以下步骤。

1.固定前端

将穿好的经纱整齐地拉直，同时转动经轴使经纱前端的长度正好能够绕过胸梁打结；根据筘幅的宽度，将所有经纱按其左右位置在机前分成若干束，分别在卷布辊的相应位置打结，打结时尽量节约经纱，并注意使每一束经纱的张力及长度一致（图6-1-13、图6-1-14）。在调节经纱长度时，不应在松弛状态下卷绕或退绕，以免经纱纠缠杂乱；而应

图6-1-11 在同样的经纱上设计织造不同效果的面料

图6-1-12 通过穿筘密度而形成图案条纹宽窄变化

码6-1-4 调匀经纱张力

图6-1-13 经纱在机前整齐地拉直打结

图6-1-14 均匀固定经纱前端

笔记

握持或固定住纱线头端，在经纱绷直的状态下进行调节。

2.向前转移

将所有经纱在绷直的状态下，逐渐从机后的经轴转移到机前的卷布辊上。一边用右手转动摇柄使经轴缓慢送经，同时一边用左手使卷布辊卷取经纱，保持两者速度同步，使经纱始终保持绷紧而不松弛，以免纠缠打结。在卷布辊一层经纱与即将卷绕起来的下一层经纱之间垫放厚卡纸等材料，隔开经纱头端凸起的结以及每一层卷绕上去的经纱，使经纱不因卷绕直径的变化或者嵌入里层而引起长度不均，确保各根经纱的卷绕长度一致。在转移过程中，关注经纱在分绞棒位置附近的经纱是否有纠缠倾向，应及时将纠缠的经纱左右分开，使每根经纱独立平行地顺利向机前转移，若未及时处理，则易引起断经。在转移过程中，经纱在经过钢筘、综丝、分绞棒时，得到均匀的梳理，变得更加整齐。持续向前转移直至机后的经纱末端结头移至后梁附近。

3.重固末端

解开机后的结，整齐地拉直其中的每一根经纱，绕过后梁并在经轴固定位置重新打结固定；幅宽较大的可以将经纱按左右顺序分成若干束分别打结固定，并确保每一束纱线张力均匀。

4.向后转移

将所有经纱在绷直的状态下，逐渐从机前转移回到机后的经轴上。抬起织机卷布辊旁棘轮上方的棘爪，使卷布辊能够自由活动；左手扶住卷布辊，速度缓慢地放开，右手同步转动摇柄使经纱以相同速度重新卷绕到经轴上，直至机前的经纱头端显露出来。释放卷布辊的速度应与卷绕经轴的速度一致，保持经纱始终在绷紧的状态下进行转移并起到梳理作用，避免纱线纠缠不清。经纱在经轴上卷绕时，同样应避开凸起的结头，并将经纱一层层隔开（图6-1-15）。

图6-1-15 均匀卷绕到经轴上并隔开每层经纱

5.重固前端

经过向后转移，每根经纱又经历了一遍梳理，若有经纱前端的张力仍不够均匀，则需松开机前相应一束经纱的结头，进一步拉直经纱，重新整齐地打结，直至所有经纱都长度一致，张力均匀。

至此，织造实践中的经纱准备工作便已完成。

第二节　纬纱准备

纬纱的准备工作相对简单，一般需满足成形良好、卷绕张力均匀合理、卷绕长度合理的工艺要求。可参考以下操作步骤开展实践。

1.纬纱选配

根据面料设计的要求选择合适的纬纱品种和颜色，使纬纱之间、纬纱与经纱之间搭配合理，且设计效果显著。估算每种纱线的用量，并准备充足的纱线备用。

2.卷纬手法

将纡管插在卷纬器上，再将选用的纬纱头端在纡管上打结固定，然后一手转动摇柄，同时另一手握持纱线在纡管长度范围内不断来回摆动，引导纱线在纡管上均匀卷绕（图6-2-1），获得一定容量的纡子，再装入梭子（图6-2-2）。

3.数量要求

在面料的整个织造过程中，根据设计要求，可能会用到几种、几十种甚至更多品种的纬纱。将某个阶段短时间内先后需要用到的若干种纬纱分别卷绕并装入若干个梭子备用；如果梭子和纡管数量有限，则对于时隔较长时间再参加织造的纬纱品种，也可随织造过程的进行，在即将用到的时候间歇性地进行准备。

4.质量要求

纡子是在梭子中退解的，因此选用的纡管应和梭子

笔记

码6-2-1　纬纱准备

图6-2-1　卷纬

图6-2-2　绕有纬纱的纡子装入梭子

内腔匹配。在纡管上卷绕纬纱时，应使每层纱线之间以一定的角度倾斜交叉，以免因外层纱线陷入里层而影响退绕。卷绕纬纱时应避开纡管头端附近和尾端凹槽处，以免脱散或无法退绕。纬纱卷绕张力应适当、均匀，具有合理的卷绕密度，保证纡子的容纱量，且不损失纱线的性能。每种纱线应适量卷绕，容纱量太少，会增加换纬次数和回丝；容纱量太大，则纱线受到梭子内腔挤压而摩擦太大，退解困难，甚至断纬。在面料织造过程中，一个卷装用完后可随时进行纬纱补充卷绕，再继续织造。

经纱和纬纱都准备完毕后，就可以开始织造环节了。

第三节 上机织造

在织样机上进行织造实践时，要融会贯通，把设计创意转化为织造设备能够读取并执行的语言，以上机图中纹板图的形式输入到设备中，再由设备按这些信号指令控制纱线运动，通过经纬交织的艺术将一根根纱线变成华丽的面料。

织机型号不同，具体操作有所不同，但织造过程大致相仿。可参考以下操作步骤开展实践。

1.纹板选用

开机接通电源，进入系统，在"准备"状态下，通过"纹板调用"，选取纹板库中已有的所需纹板供织造使用（图6-3-1）。

2.纹板输入

若纹板库中没有所需纹板，需输入新的纹板图规律。在"准备"状态下，进行"纹板编辑"，

码6-3-1 上机织造

图6-3-1 纹板调用及织造监控界面

清除原先的纹板信息，设定该纹板行数，对照纹板图，编辑每一行的经纬规律（图6-3-2）。每一页综框按照在织机上的排列位置顺序对应一个序号，做标记的序号代表该对应综框届时会提升，穿入该综框的相应经纱也会随之提升，对应面料上的经组织点；没有标记的，综框不提升，对应面料上的纬组织点；点击某个序号可在有标记和无标记（经和纬）之间切换；参与编辑的数字序号数量与设计中实际用到的综框数量相等。完成第一行纹板的输入之后，再编辑"下一行"，直至纹板图上所有行的信息都输入完毕，进行"纹板保存"，该纹板便储存于纹板库中了。在需要用到该纹板的时候，按前述步骤进行纹板调用即可。

3.试织检查

选用平纹的纹板，并将织机从"准备"状态切换到"工作"状态，打开气阀获得提综动力，重复开口、引纬、打纬的动作，试织一小段平纹面料。在织造初期可用硬质材料或较粗的线代替纬纱（图6-3-3），使经密尽早均匀、幅宽尽早达到设计要求。仔细检查试织形成的这一段平纹是否完全正确，穿综、穿筘、经纱张力等方面存在的问题会在平纹面料上得到直观反映。例如穿综顺序、穿筘顺序、穿综穿筘顺序匹配、多穿或漏穿、左右纱线位置交叉、综框吊挂位置及高度等问题较为常见。出现问题后应积极排查，找出原因，并及时改正。

4.正式织造

根据设计需要选用合适颜色的较细的纬纱正式织1~2cm紧密的平纹，以免面料成品在剪下之后易于脱散。后续的不同面料成品之间也可用平纹隔开。选用已设计好并输入保存于纹板库中的

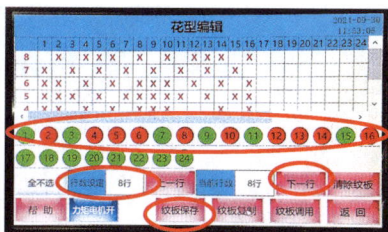

图6-3-2　纹板编辑界面

笔记

图6-3-3　试织检查无误并开始织造

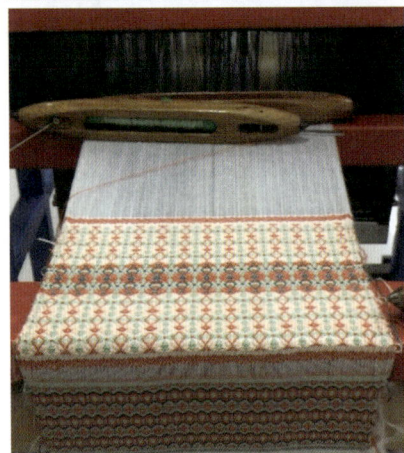

图6-3-4 正式织造过程中的布面质量

图6-3-5 布边织造

所需纹板控制经纱开口规律，开始创新面料的正式织造。对于结合手动操作的织样机，根据设计要求的纬纱排列顺序选用相应的梭子进行引纬，注意梭子每次折返拉扯纬纱时的织缩，留出一定的松量，以免打纬后面料两侧的幅缩过于严重。根据设计要求的纬纱密度大小，均匀控制打纬的力量，获得纬密均匀、花纹美观的面料（图6-3-4）。对于变化纬密的特殊品种，则可在需要紧密的横条部位加大打纬力度，在需要稀疏的横条部位减小打纬力度。在织造过程中也可根据需要调整或更换纹板，合理搭配不同的组织结构。

5.布边织造

布边宜采用较为紧密的组织（如平纹、变化平纹等），且需与面料整体的平均经浮长相匹配，才能使各根经纱的织缩率基本一致，保证织造的顺利进行和布面的平整（图6-3-5）。如果经浮长较长，可能导致两侧有些经纱脱散而无法织成质量稳定的面料，可通过合理配置最两侧边经的穿综及梭子引纬的起始方向、多把梭子交替织造、增加特殊边经、增加绞边、每行纬纱两端延长（此法形成的松散边缘可在后期进行紧固并加工成特殊效果）等方法，使每根布边纱线都能整齐紧密地交织。

6.排查返修

一边织造，一边检查所织面料，查找错误；若发现问题，可"退一梭"回到前一行的经纱开口规律，拆除该行纬纱，或依次每退一梭拆除一根纬纱，连续拆除多根，及时解决问题，调整工艺直至面料合理美观。

7.卷取送经

对于自动卷取和送经的织机，其织口始终保

持在特定的位置，每织一根纬纱，都会根据设定的纬密大小而伴随相应幅度的卷取和送经动作。对于手动织机，随着织造的进行，织口逐渐向后移，应每隔一段时间定期卷取，同时送经，调节织口位置，使之不太靠近钢筘以免梭子引纬没有足够的运动空间，也不太靠近钢筘运动的前止点以免达不到设计所需的纬密；在卷取和送经时注意保持经纱张力均匀一致，避免在面料上留下痕迹；用卡纸等材料包绕卷布辊（图6-3-6），将面料与不平整的经纱束头端隔开，以保证卷绕直径一致，面料平整。

图6-3-6　包绕卷布辊使卷绕直径一致

8.完成织造

完成一款面料的织造后，更换纹板文件继续织造。可织一小段平纹等较为紧密的组织，以分隔两款面料并预防面料后期剪开引起的脱散。再更换新的纹板文件，织造另一款面料，直至完成所有面料的织造。再将织机状态由"工作"切换到"准备"，关闭气阀动力，将织好的面料剪下来，完成清理和"了机"。

🖊 笔记

第四节　手工织造

织造的方式多种多样，处处体现出人类的智慧。除了在织造生产车间或实验室，我们还可以采用手工织造的方式，随时随地参与到面料设计与织造活动中来，巧妙地实现面料设计创意。

一、基于模型织机

采用织机模型等简易工具（图6-4-1），根据织造实践的基本流程和方法进行面料设计织造，可参考以下操作步骤。

码6-4-1　基于模型织机

图6-4-1　采用织机模型开展实践

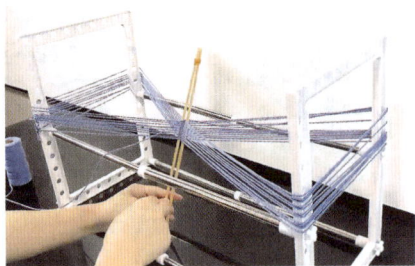

图6-4-2　绕经

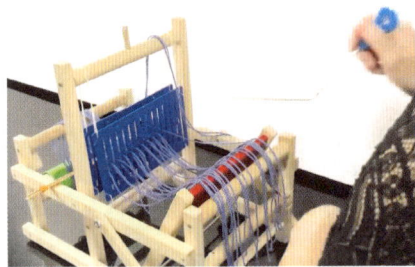

图6-4-3　穿综

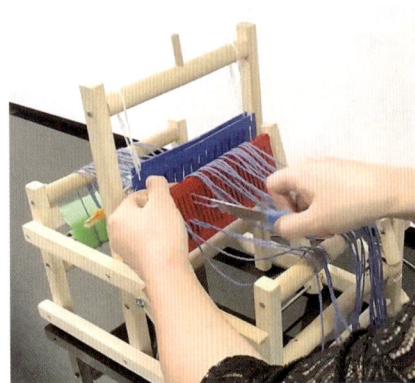

图6-4-4　穿筘

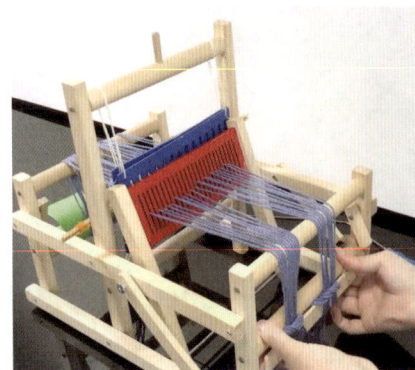

图6-4-5　整齐地固定经纱头端

1.整经

根据设计要求估算经纱长度和根数，对经纱进行绕经并分绞（图6-4-2）。

2.穿综

根据设计方案中经纱提升的规律进行穿综（图6-4-3）。图6-4-3采用的模型为两页综框，可以织制平纹和平纹变化组织。如果增加综框的数量，则可以设计创作出更为复杂多变的织物组织。

3.穿筘

根据面料的经纱密度和幅宽等要求进行穿筘（图6-4-4）。

4.调匀经纱张力并固定

拉直每根经纱，使经纱互相平行，张力均匀，整齐地将经纱头端固定于卷布辊上（图6-4-5）。

5.卷纬

将各种所需纬纱分别卷绕到梭子上备用。

6.织造

按照设计要求控制综框的升降，带动经纱升降形成开口，进行引纬、打纬，实现各种织物组织的织造和不同图案、纹理的自由创造。

二、基于框式织机

也可通过框式织机等更为简单的工具来完成织造原理中的开口、引纬、打纬等基本动作，开展创作实践。以下操作步骤供参考。

1.整经

根据设计方案所需的经纱品种、排列密度、色彩搭配、面料宽度等将经纱按顺序整齐而竖直平行地绕于木框上（图6-4-6）。

2.卷纬

将各种所需纬纱分别卷绕到梭子上备用。

3.挑花织造

根据设计方案中的组织图，挑织各种组织。利用梭子、纬刀、棒针等工具，将经组织点对应的经纱分别向上挑起，再统一形成开口（图6-4-7），将所需纬纱引入，随后利用梳齿或纬刀等工具进行打纬，完成一行纬纱的织造。如此循环往复，将设计的组织图转化成相应结构的面料。采用挑织的方法形成的组织结构可以是规则重复的，也可以是不规则的或灵活运用各种织物组织和技法而形成的变化多端的自由花纹。

4.提综织造

采用上述方法时，每织一根纬纱都需要判断所有经纱的经、纬组织点，都需要利用工具将经组织点对应的经纱挑起，这会影响织造效率。为此，可根据前述章节"织机工作原理"，画出"上机图"，再按照穿综图的规律给经纱加装提综杆，如图6-4-8所示，在框式织机上加装了4根提综杆。在织造时，按照纹板图的规律先后抬起提综杆，就能成批控制经纱的升降，提高织造效率。提综杆加装完毕后，就可以按照设计的纹板图进行提综织造了。在实践过程中，也可提综与挑织相结合，更便捷地实现面料中底纹和花纹的配合。

三、基于简易工具

获得一块自主设计创作的精美面料，不一定都需要通过复杂的大型机器或专门的工具，身边随处可见的物品，甚至是一块纸板、几根

码6-4-2 基于框式织机

图6-4-6 经纱绕于木框上

图6-4-7 采用纬刀挑织

图6-4-8 加装提综杆辅助开口织造

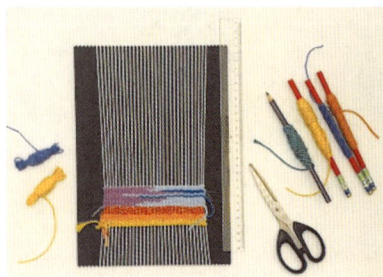

图6-4-9　采用简易工具进行织造

图6-4-10　在硬卡纸上整经

图6-4-11　简易卷纬

棍子、一把直尺……只要能够完成织造原理中的开口、引纬、打纬等基本动作，就可以成为创作的工具（图6-4-9）。采用简易工具开展面料设计织造活动可参考以下操作步骤。

1.整经

根据设计方案所需的经纱排列等要求，将经纱按顺序整齐、竖直且平行地绕于硬卡纸上（图6-4-10）。

2.卷纬

选取所需品种的纬纱，分别在铅笔、棒针等常见物品上进行卷纬，也可将纬纱直接绕成小线团备用（图6-4-11）。

3.织平纹

用直尺等工具将经纱一根隔一根地（例如第1、3、5、7……等奇数序号的经纱）挑起形成开口（图6-4-12），将纬纱引入，用直尺或梳齿打纬压紧该纬纱；再将另一半经纱也一根隔一根地（例如第2、4、6、8……等偶数序号的经纱）挑起形成开口，织入纬纱；如此重复，形成一段平纹面料。

4.织创意

根据设计需要，可通过挑织的方法实现各种各样的组织结构（图6-4-13）。还可在各个局部分别采用不同的颜色、材质、组织结构进行挖梭（缂

图6-4-12　织平纹

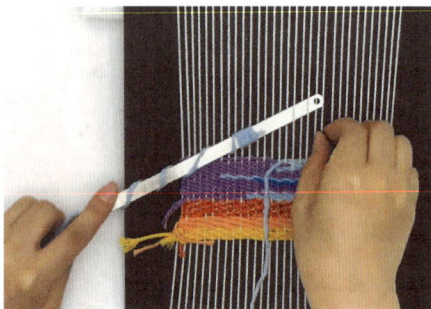

图6-4-13　织创意

织），得到更加富有变化的效果。

5.后处理

完成所需面料的织造后，将上下两端的经纱加以固定和美化（图6-4-14），并修剪面料上多余的线头，再进一步将面料制作成美观而实用的作品（图6-4-15）。

图6-4-14　加固和美化织成的面料

图6-4-15　将面料制作为成品

练习与讨论

单选题

1. 穿综时,一根经纱一般应该穿在几个综眼中(　　　)。
   A.1个　　　　　　　　　　　　　　　　　　B.2个
   C.有几片综页就穿几个综眼　　　　　　　　D.根据实际设计图而定

2. 在纤管上进行卷纬时,应避免(　　　)。
   A.纱线避开纤管头端附近和尾端凹槽处　　　B.卷绕张力均匀
   C.纱线在纤管的某位置平行卷绕至最大直径后再移至其他位置继续卷绕
   D.容纱量不太大也不太小

多选题

钢筘的作用是(　　　)。

A.确定面料的匹长　　　　　　　　　　　　B.确定面料的幅宽

C.确定经纱的分布与密度　　　　　　　　　D.把梭口里的纬纱打向织口

判断题

1. 即使采用手工织造的方式,开口、引纬、打纬也是必不可少的。(　　　)

2. 在织机上穿好经纱后,最好将经纱的首尾两端都解开,进行梳理,以便使其更加整齐。(　　　)

3. 穿结经的任务是把织轴上的经纱按上机图的设计要求,依次穿过经停片、综丝和钢筘。(　　　)

4. 穿综时,各根经纱分别穿在哪根综丝的综眼中,必须与穿综图严格对应。(　　　)

5. 穿筘时,必须一根经纱穿入一个筘齿。(　　　)

6. 将穿好的经纱打结固定时,每一束经纱的松紧度必须一致。(　　　)

讨论题

1. 制作面料作品实物时,采用哪种织机和哪种方式进行织造?

2. 在织造实践过程中,哪个环节令你最有成就感?

3. 手工织造与设备织造的区别有哪些?

4. 织造实践过程是否顺畅?有没有在哪个环节出现困难?是如何解决的?

第七章

创意织造

本章概要

　　通过前面内容的学习，大家探索了承载古今的织造技艺，分析了琳琅满目的面料种类，结识了变幻无穷的组织结构，也掌握了整个流程的设计织造。在此基础上，本章旨在激发充满创意的奇思妙想，拓宽思维，创新方法，结合灵活多变的织造技法，为作品增光添彩，使之更具生命力。

实践项目：创意面料设计织造

　　请结合本章所述内容，综合运用本书介绍的材料和方法，设计并制作一款富有创意的面料艺术作品。总结整个实践过程，汇总各个阶段的系列面料作品和其他收获，一同展示分享。

第一节　技法创意

码7-1-1　缂织

一、缂织

灵活运用各种各样的织造技法，可以更好地表现设计创意，使作品如虎添翼。

缂织是一种古老而举世闻名的织造技艺，根据材料的不同，分为缂毛（图7-1-1）和缂丝（图7-1-2）等。

丝绸之路上曾出土较多缂毛织物，其起源早于缂丝。缂织具有以下基本特征。

1. 通经回纬

纬线不通梭，不跨过整个面料幅宽，而是以花纹为单位来回挖织。依图案轮廓、色彩，分块、分段、分区地织纬。由于花纹的边缘纬线向相反方向用力，所以会产生缝隙，使花纹轮廓清楚，如雕刻一般。

2. 纬线显花

经细纬粗，以纬克经，图案部分只显彩纬，不露底经。每投一根纬线，都用拨子把纬线打紧，使纬线完全覆盖经线，所以看不到经线，完全由纬线显花。

3. 正反面相同

类似双面绣，两面花纹、色彩相同，方向相反。两面看不到线头，线头用小拨子完全藏在上下纬线之中。

4. 幅宽大小不限

缂织的幅宽根据需要随意调整，有5cm以下的窄带，也有100cm以上的横幅，甚至有10m以上的挂毯等。

5. 纹样设计自由

缂织纹样中每个部位的每行纬纱均可自由变化，在纹样尺寸、色泽、结构、材料、功能等方面比传统通经通纬织造具有更大的变化空间。

缂丝在织造过程中可以自由变换色彩，随时修改和补充花纹，能尽情发挥个人创造性，因此历代用以制作观赏性绘画作品，织工需要有一定的绘画

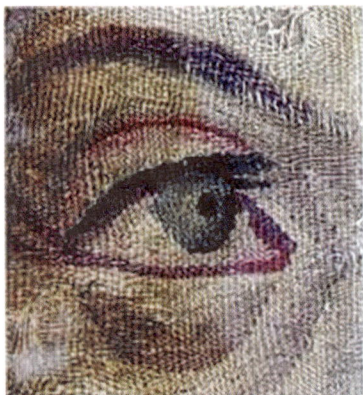

图7-1-1　缂毛

图7-1-2　缂丝

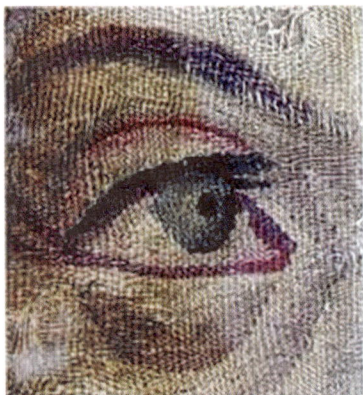

基础。缂丝以平纹为基础组织，其织造原理较简单，但因纬线完全用手工织造，像用梭子刺绣一样频繁换梭织成，费工费时，完成一件作品需要很长时间，故有"一寸缂丝一寸金"之说。

下面以缂丝的基本技法为例，介绍在具体的创意设计织造实践中如何进行缂织。图案由点、线、面组成，缂丝各有其表现的技法。

1.点

对于点，纬线纵横织一两排或多梭即成点。一般用于鸟兽和人物的眼睛、花蕊等。

2.线

对于线条，主要有勾、绕两种技法。

（1）勾。纹样的外边缘一般用颜色较深的线，清晰地勾出外轮廓，如同工笔勾勒的效果（图7-1-3）。勾缂技法出现于唐代，宋、元、明、清时期一直使用。如花、叶等边缘用另一色纬缂织出勾边线，使花纹界线清楚。勾分为单勾（以单股丝进行缂织）和双勾（以双股丝进行缂织）或多层勾。也有断断续续的勾缂法。

（2）绕。在一根或几根经线上，单梭绕出直斜、弯曲的各种线条，织成后有镶嵌般的外观效果（图7-1-4）。在宋代已经使用，明清时期普遍使用，并且手法纯熟。

3.面

面的表现方法包括结、掼、戗。

（1）结是指单色或二色以上的纹样，在其纵向和斜向的地方，采取有一定规律和面积的穿经和色方法（图7-1-5）。这种方法在宋代出现，使用比较广泛，多用于山石、花瓣等。

（2）掼是指在一定坡度的纹样中（除单色外），二色以上按颜色的深浅，有规律、有层次地排列，如同叠上去似的和色方法（图7-1-6）。在唐代已经开始使用，主要用于山石、云层的装饰。

图7-1-3　勾

图7-1-4　绕

图7-1-5　结

图7-1-6 掼

图7-1-7 长短戗

图7-1-8 木梳戗

图7-1-9 凤尾戗

（3）戗又叫"戗色"或"镶色"，是用两种或两种以上的色纬相邻相靠，运用戗头互相伸展穿插，对色彩进行渗透、调和，起到工笔渲染效果，表现出纹样的质感。在实践过程中，艺人们根据不同图案，灵活使用相应的戗法，可以分为长短戗、木梳戗、凤尾戗、包心戗。

①长短戗，以长短不同的各色纬纱，根据物体生长的特点无规则地织出自然的效果（图7-1-7）。为增加鸟的羽毛、人物的相貌、花叶等部位的质感，在由深至浅的晕色中利用织梭伸展的长短变化，使深色纬与浅色纬无规则地相互穿插，在视觉上产生色彩空间混合的效果，从而取得自然晕色的效果。这种方法在宋代绘画题材中广泛运用，在南宋缂丝艺人朱克柔的作品上熟练使用，所以也称"朱缂"法。其戗法的特点是无规则，根据图案的需要灵活变化。

②木梳戗，以深浅不同的各色长短纬纱从左向右或从右向左排列成整齐的形如木梳的影光条（图7-1-8），因此称为木梳戗。这种技法具有色彩渐渐过渡、色条规整的装饰效果，在宋元时期普遍使用。

③凤尾戗，与木梳戗的原理相同，但是织出的形状不同（图7-1-9）。凤尾戗形状如同凤凰的尾巴，因此得名。常用来表现鸟类的羽毛或山石的阴影，在宋代已经出现。

④包心戗，以长短戗的原理从四周同时向中心戗色（图7-1-10），使颜色产生深浅不同的层次变化，使图案富有立体感。多用于较大面积的戗色，如鸟背、树干等，南宋缂丝艺术家沈子蕃常用这种技法。

缂丝通经回纬的挖织方法会导致经线之间出现裂缝。在需要避免裂缝的情况下，可以采用搭梭、子母经等技法。

（1）搭梭。是指当遇到较长的纵向直线时，因双方不相交接而有裂缝，所以在每隔一定距离处，让两边的色纬相互搭绕一次，绕过对方色区内的一根经纱（图7-1-11）。这样既能不留织纹痕迹，又能避免竖向裂缝过长，形成破口。搭梭的技法根据不同情况灵活多变，搭绕的频率可大可小。还可使左右相邻的纬纱在相遇时绕过彼此后再返回，再分别以各自的下一行规律织入。

（2）子母经。是搭梭技法的发扬。碰到纵向直线时，为了防止出现裂缝，增加面料的牢度，在织造时运用两只梭子，即甲乙两梭，当甲梭按照设计图穿一梭，而乙梭通穿纬线时跳到设计图之外的邻近一根经纱，让甲梭挑穿（图7-1-12）。如此原地往复，则形成没有竖缝的单子母织造法。而双子母与单子母的不同在于单子母跳一根经线，双子母跳两根经线，线条比单子母粗一倍。

除了以上缂织技法，还有半刦（pán）子母经、盘梭、押样梭、押帘梭、芦菲片、削梭等特殊技法。

掌握了传统的缂织技法后，可以在此基础上进行创新，如丝毛双缂、多种材料结合等，灵活运用到设计作品中。还可以突破平纹组织的限制，结合前面章节中变化多端的组织结构，使作品产生更加丰富的肌理效果。

图7-1-10　包心戗

图7-1-11　搭梭

图7-1-12　子母经

码 7-1-2　换经

图 7-1-13　局部换经面料作品

图 7-1-14　多次换经面料作品

码 7-1-3　蕾丝织

二、换经

在织造进行的过程中，可能会遇到织机上原有的部分经纱无法满足新作品设计要求的情况。这个时候，除了花费大量时间精力与材料重新进行整经、穿综、穿箱，还可以采取局部更换经纱的方法（图 7-1-13、图 7-1-14）。

在织机原有经纱的基础上，根据新的要求，选取所需经纱品种和适当的长度；在距离面料若干厘米处，将需要替换掉的原有经纱剪断，与新的经纱一端打结；被剪断的原有经纱的另一头与新的经纱的另一端打结；从织机后方抽动这根原有经纱，将两端都已连接在原有经纱上的新的经纱抽向机后，并悬挂重锤以施加张力；按照同样的方法，在其他所需位置替换经纱；注意调整各根经纱的张力大小，保持新的经纱之间以及新老经纱之间的张力均匀一致。

局部换经后，就可以按照新的设计创意进行织造了。当这部分面料织造完成后，可以进一步更换经纱织造另一款新面料，或者将原先的经纱再重新抽回到织机的前方进行固定，继续织造原有的面料品种。

这种局部更换经纱的方法，使根据新的设计需求临时更换面料品种变得方便快捷。

三、蕾丝织

在手工梭织机上织造蕾丝效果的蕾丝织法与平常的织造有所不同，纬线不再是从所有经线的一端直接织入另一端，形成一条横跨面料幅宽的直线，而是会在一部分经线的范围内进行来回反复的织造，在达到一定行数时，按照一定的方向与顺序，再向相邻的下一部分经纱范围进行重复的织造。这与缂织有一定的相似性，但是缂织侧重于不同颜色的配合，而蕾丝织侧重于疏密相间的配合，经纱在蕾丝织法中并不一定完全参加与纬纱的交织。

在这种织造方式下，通常会使用平纹的组织结构，以保证所织部分的稳定性。在织造过程中，可根据需要，利用纬纱在不同部分经纱内所处位置的高低差异，在面料上织造出倾斜的纬线线迹。利用这些漂浮在经线之间的线迹，构成需要的纹样效果。也可以通过筘齿的打纬挤压，使纬线更加紧密地交织，来制造不同的纹样表现（图7-1-15）。

为了达到理想的效果，在织造之前需要进行一定的设计和规划。可以根据经线的数量和想要织造的纹样大小和宽度，来进行等分，使纬线均匀地、按照一定规律分布来进行织造，从而获得想要的效果。同时，在织造过程中，我们需要注意面料整体织造的结构和组织是否稳定，以及经纱的张力是否都保持一致。

基于这种织造方式，可以使用具有特色的、装饰性的和较粗的纱线或绳线材料，来突出纬线本身以及在这种织造方式下产生的纹样，犹如利用纬线在面料上进行涂鸦一般的线条绘画。也可以使用较细的纱线，通过拉扯纬线，对所织范围内的经纱边界进行一定的收拢处理，从而在面料上织造出孔眼的效果。

除了在整齐排列的经纱上进行局部的织造，也可以在经纱的排列上进行一定的分割和划分。可以将一定数量的经纱作为组，分布在织机所需要使用的位置上，使组和组之间具有一定的空隙和距离，以织造更具有镂空质感的面料（图7-1-16）。

图7-1-15　蕾丝织

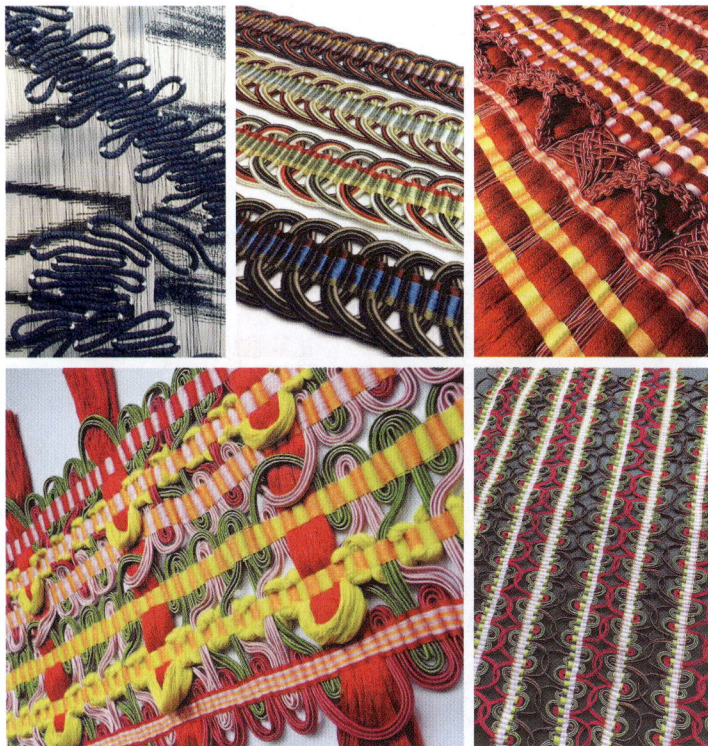

图7-1-16　蕾丝织作品

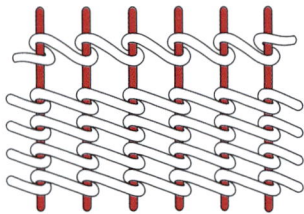

图 7-1-17　人字纹及编织
技法

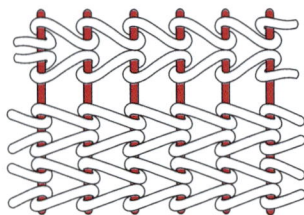

图 7-1-18　辫子纹及编织
技法

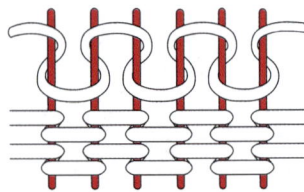

图 7-1-19　品字纹及编织
技法

笔记

四、编织

织造技术是经过很长时间的发展过程，从编结、编织逐步演进而形成的。编织是非常古老而富有生命力的一类技艺。用纬纱在经纱上通过缠绕、起圈、起绒等编织方式，可表现出凹凸起伏的立体感。

（一）锁经编织法

锁经编织法，是将构成织物的纬纱按照一定方向有规律地缠绕固结于经纱上。常见的有人字纹、辫子纹、品字纹、连珠纹等。

人字纹编织技法，指纬纱在经纱上进行盘绕与编织，因呈现的折线纹路类似斜卧的"人"形而得名（图7-1-17）。具体操作技法见如下步骤。

（1）纬纱在第一对经纱上固定。例如纬纱在第一、第二两根经纱上方从左到右，再从第二根经纱的右侧塞入，从后方绕至该经纱左侧出来。将纬线的线头藏在经线后。

（2）再以第二、第三两根经线为对象，按步骤（1）的方法进行缠绕。

（3）重复上述步骤，继续以同样的方法绕过第三对、第四对、第五对……经线。

在编织过程中，可以根据需要进行尝试和体会，例如在经纱跨度上或纬纱粗细、松紧上做一些变化，会产生很多意想不到的肌理效果。

当两行中的一行人字纹路缠绕方向相反，就可获得辫形结构的造型，又称为辫子纹（图7-1-18）。

品字纹，是指将纬纱依次上下交替地缠绕在每两根经纱上的编织形式，纬纱在每相邻两根经纱上的缠绕方向相反。该方法可获得形状如"品"字的结构效果（图7-1-19）。四根经线为一个单元，每个单元的品字形大小取决于经纱与纬纱的股数大小，同时也形成了编织的疏密变化。重复排列的品字纹肌理显得简洁明快。

连珠纹，以纬线绕经线构成点状，从左到右或从右到左依次缠绕，自下而上逐排重复，构成竖条的点状，形如连珠（图7-1-20）。也可在纬线绕经线的基础上，变单经为双经，变细纬为粗纬，以扩大点状面积获得凹凸强烈的点状肌理。

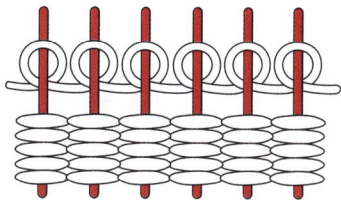

图7-1-20　连珠纹及编织技法

（二）栽绒编织法

栽绒编织法，是指在经纱上栽植拴结的纬纱的编织方法（图7-1-21）。栽绒的长短可依据设计意图灵活截取。缠绕手法主要有：马蹄扣、8字扣等。这种栽绒技法是手工织毯中普遍采用的编织方法，具有毯面弹性好、挺实、耐磨、牢固的特点。在壁挂创作中，既可形成地毯式的平坦效果，也可根据设计创意的需求，编织出高低不一的绒面，通过修剪塑造出凹

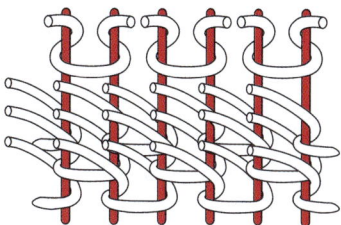

图7-1-21　栽绒编织法

凸起伏的浮雕式质感和丰厚结实的肌理形态。基本步骤如下：

（1）将用作栽绒的纬纱剪成适当的长度。

（2）将纬纱从第一、第二根这一对经纱两侧绕过，再从这对经纱的中间穿出。

（3）拉紧纬纱至松紧适度，再将纬纱剪至一定长度。

（4）按同样方法在第三、第四根经线上栽绒，在第五、第六根经线上栽绒，以此类推。

（5）重复以上步骤，直至完成一排栽绒编织。

（6）为了防止脱毛，在编织完一排栽绒之后，可以织一个循环的平纹，并打纬紧固。

（7）接下来的一排，则以第二、第三根经线为一对，纬纱绕过这对经线的两侧之后，从第二、第三根经线的中间穿出。再拉紧，修剪。

（8）除了上述这种称为"马蹄扣"的纬纱绕法，还有"8字扣"等缠绕手法，纬纱绕过一根经纱，两端在背后交叉，再从经纱两侧穿出。不同的手法可在作品中根据需要灵活使用。

（三）簇绒编织法

簇绒编织与栽绒编织的具体方法原则上相同，但成品肌理不同。栽绒的表面呈点状

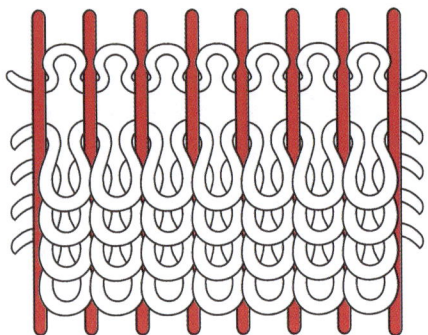

图7-1-22 簇绒编织法

绒面肌理，而簇绒的表面则呈曲线圈状的簇绒肌理（图7-1-22）。圈绒的长短、大小、厚薄变化多端，可表现梯状渐变，也可表现长短错落，形式灵活。

簇绒法的具体编织技法是纬线在经线上编挂圈套（圈套大小决定圈绒厚薄）。可通过缠圈式，先将纬纱缠绕在能够使它呈现圈状的工具上，随后抽出工具。也可通过起圈式，按普通平纹的织法引纬，在所需位置将纬纱扯出一定长度，使之形成圈状。为紧固圈绒，在完成一行圈绒后，可织一个循环的平纹加以固定，依次重复，便可形成蓬松、厚实的簇绒肌理效果。如果将线圈剪断，则可形成通过裁绒编织法得到的起绒效果。

根据创作需要，可在以上各种编织技法原理的基础上，采取灵活多变的组合方式，合理地运用不同的技法，使画面产生更加丰富多彩的肌理效果，极大地增强作品的艺术表现力（图7-1-23）。同时，可以结合前面提到的织造、缂织等方法使作品更具艺术气息。此外，还可跳出常规设计思路中横平竖直的限制，在各种形态的器具上进行形式新颖的创作。不同的技法可极大程度上丰富图形细节的表现力。合理选择和运用不同的技法，并根据作品的表达需要而进行灵活创新，对面料创意设计具有重要的意义。

图7-1-23 多技法融合的编织作品

第二节　三维创意

通过织造工艺，不仅能形成丰富多彩的以二维为主的面料或织物，还可打破二维平面的局限，形成更为立体的三维织物（图7-2-1～图7-2-3），让设计从平面走向立体，带来更多的创意源泉和功能用途。

图7-2-1　墙面装饰三维织造面料

图7-2-2　三维织造室内装饰品

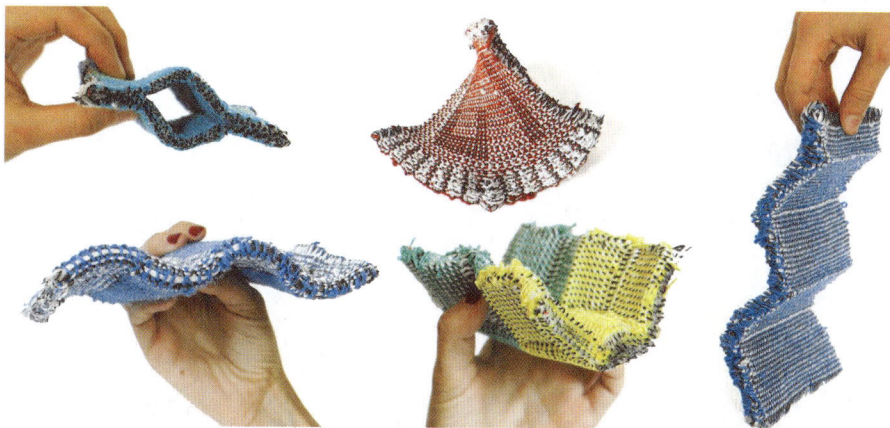

图7-2-3　形态各异的三维织造小样

一、三维织造基本结构

三维织造是指在厚度方向上形成多结构的织物成型方式。采用三维织造成型的织物称为三维织物。通过合理设计，可以控制三维织物的长度、宽度、厚度方向的结构和尺寸变化。

1.接结组织结构

接结组织是由不同层的经纬纱分别交织，以一定的方式形成接结点，使不同层交织在一起，形成多层织物的结构。双层接结组织是最简单的接结组织，改变接结组织的层数，还可以进一步得到多层接结组织。多层接结组织根据接结方法的不同，可以分为自

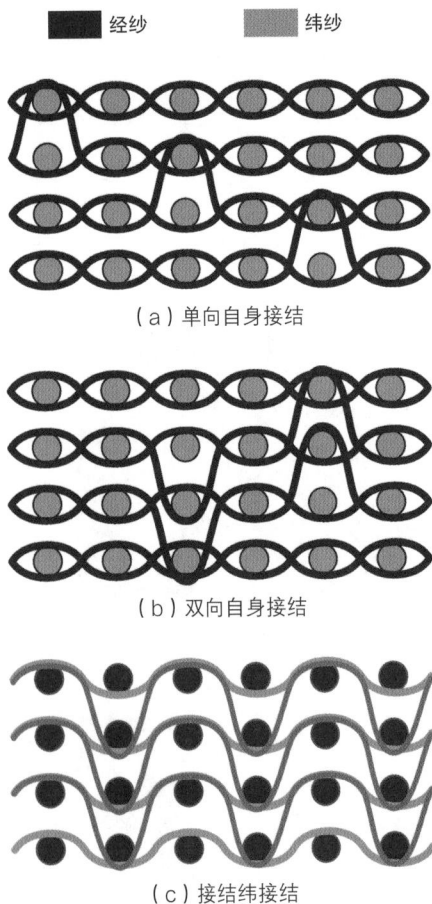

■ 经纱　　　■ 纬纱

（a）单向自身接结

（b）双向自身接结

（c）接结纬接结

图7-2-4　多层接结组织结构

身接结和接结纱接结。如图7-2-4所示，自身接结组织依靠上层经纱与下层纬纱或上层纬纱与下层经纱交织形成接结点。接结纱接结则是不同层的经纬纱各自交织，各层之间依靠专门的接结纱形成接结点。

2. 角联锁结构

角联锁结构是依靠经纱上下移动与多层纬纱交织得到的三维织物结构，这些隔层交织的纱线相当于接结纱，根据经纬纱的交织形态、重复方式的差异，角联锁结构有许多变化形式。例如，接结纱穿过整个厚度方向的结构称为贯穿角联锁［图7-2-5（a）］。各根经纱均没有贯穿整个织物厚度方向的称为分层角联锁［图7-2-5（b）］，其中，每两层之间相互连接，最终将整个织物接结为一个整体的结构称为层层斜交角联锁［图7-2-5（c）］。若将接结纱线与织物每层经纬纱平面的角度调整为90°，则称为正交角联锁［图7-2-5（d）］。

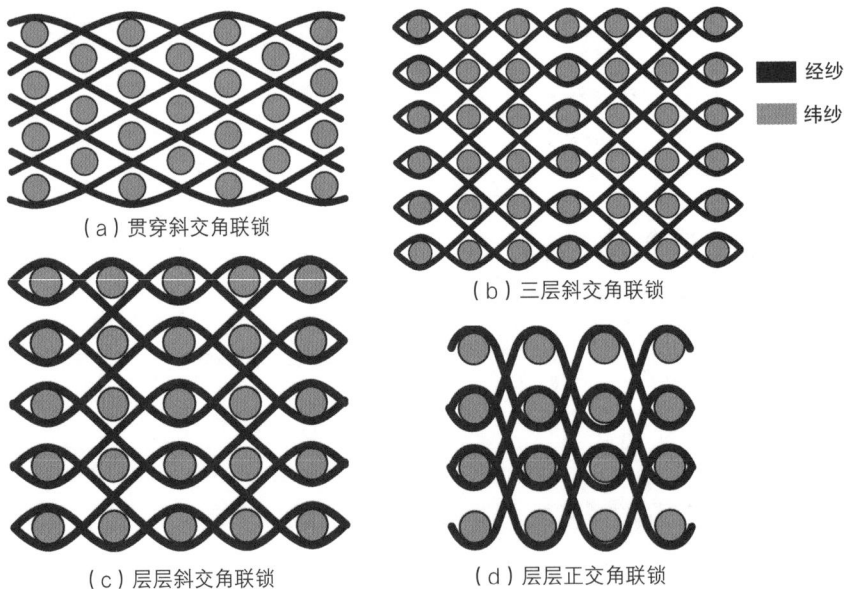

■ 经纱

■ 纬纱

（a）贯穿斜交角联锁

（b）三层斜交角联锁

（c）层层斜交角联锁

（d）层层正交角联锁

图7-2-5　角联锁结构

在角联锁结构中引入衬垫纱有增加织物厚度和面密度的作用。衬垫纱可以分为衬垫经纱和衬垫纬纱，它们分别平行于织物的经纱和纬纱方向并且不参与交织（图7-2-6）。

3.正交三维机织结构

正交三维机织物的构成需要三组纱线，除了经纱、纬纱外，还需要一组贯穿于厚度方向的接结纱，这组接结纱在空间坐标轴中平行于Z轴，因此又称Z纱（图7-2-7）。在正交三维机织物中，经纱和纬纱互相垂直但不交织，整个织物结构被Z纱的交织动作捆绑在一起，三个系统纱线呈正交状态配置，组成一个整体。正交三维机织物中的经纬纱呈伸直状态，交替层叠，可以方便地通过增减经纬纱层数的方式调整织物的厚度。

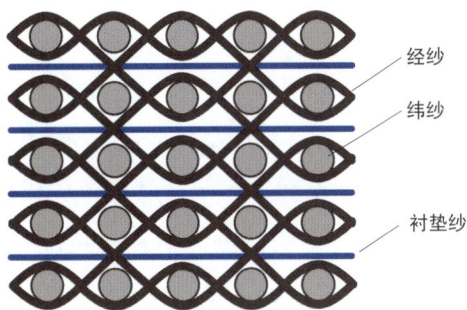

图7-2-6　带衬经的五层层层斜交角联锁结构

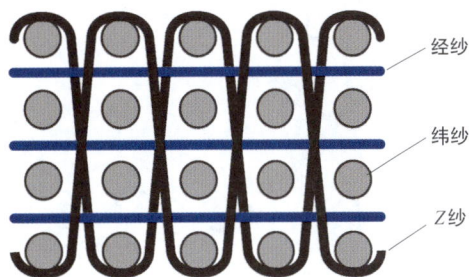

图7-2-7　正交三维机织结构

在平行于经纬纱的平面内引入两组斜纱能得到多轴正交三维机织结构。例如，图7-2-8展示了一种五轴向三维机织物，该织物由经纱、纬纱、Z纱、斜向纱1和斜向纱2五个纱线系统构成，斜向纱1和斜向纱2与经纱分别呈正负θ角，这种设计改善了三维正交机织物在受到斜向剪切力时比较松散的状态，形成一种牢固紧凑的织物结构。

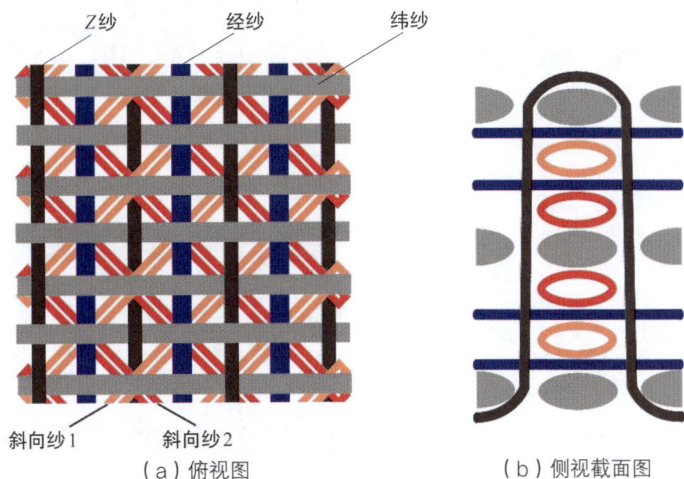

（a）俯视图　　　（b）侧视截面图

图7-2-8　多轴正交三维机织结构

195

4.异形三维机织结构

通过织物组织上的设计，三维织造能直接织出经向或纬向截面形状特殊的异形织物。异形三维织物通常有管状异形结构和非管状异形结构之分，非管状异形结构属于实心结构，即结构的内部处处存在纱线且连续，像T形梁、π形梁等均属于实心结构，这类结构的主干部分类似平板三维机织结构，分支部分通过分组、分层织造实现。图7-2-9展示了一种T形梁的织造结构，织分支部分时，经纱被分为两组，分别形成两个独立的"臂"，将两"臂"展开即可得到T形梁。

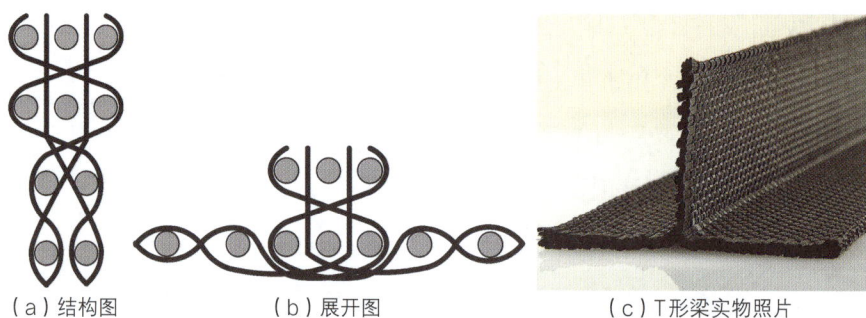

| （a）结构图 | （b）展开图 | （c）T形梁实物照片 |

图7-2-9　T形梁结构

管状异形三维结构是指截面存在中空的异形结构，由接结纱把各个部分接结在一起，代表结构有间隔结构、蜂窝结构等，如图7-2-10所示。

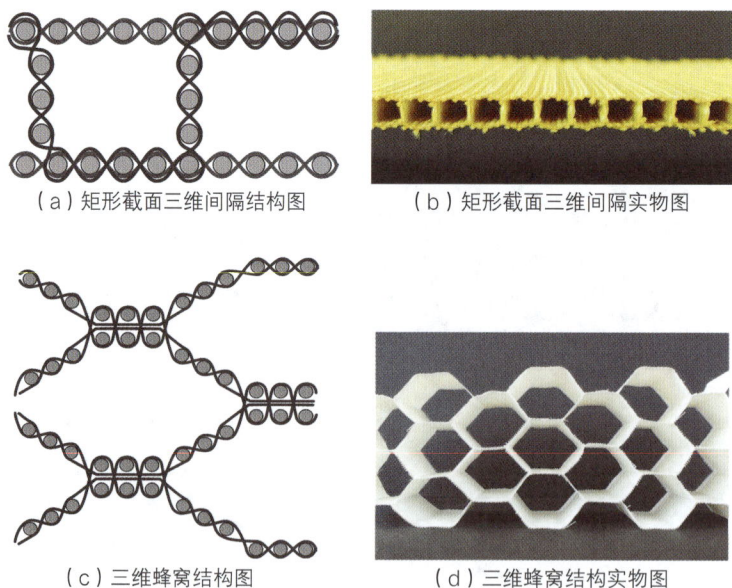

| （a）矩形截面三维间隔结构图 | （b）矩形截面三维间隔实物图 |

| （c）三维蜂窝结构图 | （d）三维蜂窝结构实物图 |

图7-2-10　管状异形三维结构

二、三维织造技术

三维机织物可以由传统织机织造，也可以由在传统织机基础上改造的织机，或针对织物特点专门设计的三维织机织造。使用传统织机能够节约改造成本，但改造织机或专门的三维织机可织造的结构更多，织造效率高，织造稳定性好。

（一）传统织机织造

使用传统织机织造三维织物，需要将三维织物每一层的织物组织绘制在一张组织图上，即将三维织物的织造过程平面化，设计出传统织机可用的上机图。根据经纱开口规律的不同，使某些经纱和纬纱以一定方式穿过厚度方向，这样便形成了层与层之间的多种不同的接结方式。若控制某些区域形成相互交织的整体结构，某些区域形成分层结构，织物通过下机后裁剪、折叠，可以得到T形、工字形、X形等多种三维异形结构。传统织机织造三维织物时，不同层的经纱、不同运动规律的接结纱均需穿在不同综框上，可织造织物的层数受到综框数量的限制。另外，织造每层织物时都需执行一次开口运动，不但限制了传统织机织造三维织物的效率，还增加了穿入不同综框的纱线的相互摩擦，使纱线容易出现起毛、断头的现象，影响织物质量。因此，一些改造织机被开发出来用于三维织物的织造。

（二）改造织机织造

三维机织物具备多层、多轴向的特点。对于基本三维机织结构，如正交三维结构和角联锁结构，接结纱的引入方向与经纱方向平行，纬纱方向与经纱方向垂直，织物的构成符合传统织物经纬向交织的特点，因此，针对开口和引纬机构改造即可满足多层结构的要求。为了保持经向张力的稳定，还会改变送经方式。具体改造形式如下。

1.开口机构

三维织物织造时开口机构需要一次成型多层经纱，即变单梭口为多梭口，用于提高织造效率，减少经纱之间的磨损。目前多采用导纱辊分层的方式或借助穿线架同时得到多个梭口。导纱辊通常是表面光滑的圆柱形长棍，在经纱进入综眼前，将导纱辊插入需要分层的经纱上方或下方能够得到若干个梭口，通过调整导纱辊的高度和数量可调整梭口大小和织物层数，如图7-2-11（a）所示。除此之外，还可以借助装有瓷眼箱的穿线架让经纱分层。在三维织造中，为了实现一些复杂组织的织造，还会用到多综眼综丝。一根多综眼综丝可以同时控制多根经纱运动，综眼间存在高度差，使穿在同一根综丝不同综眼上的经纱自然完成分层，达到节省综框的目的，如图7-2-11（b）所示。

2.引纬机构

针对多梭口织造，引纬时需要在对应的多个梭口同时引入多根纬纱，为了实现这一功能，目前主要采用多剑杆引纬的方法。如图7-2-11所示，引纬机构配备多根剑杆，剑杆的位置对应梭口的开口位置，引纬时剑杆携多根纬纱进入梭口，这种方式与逐一引纬相比效率有显著提升。

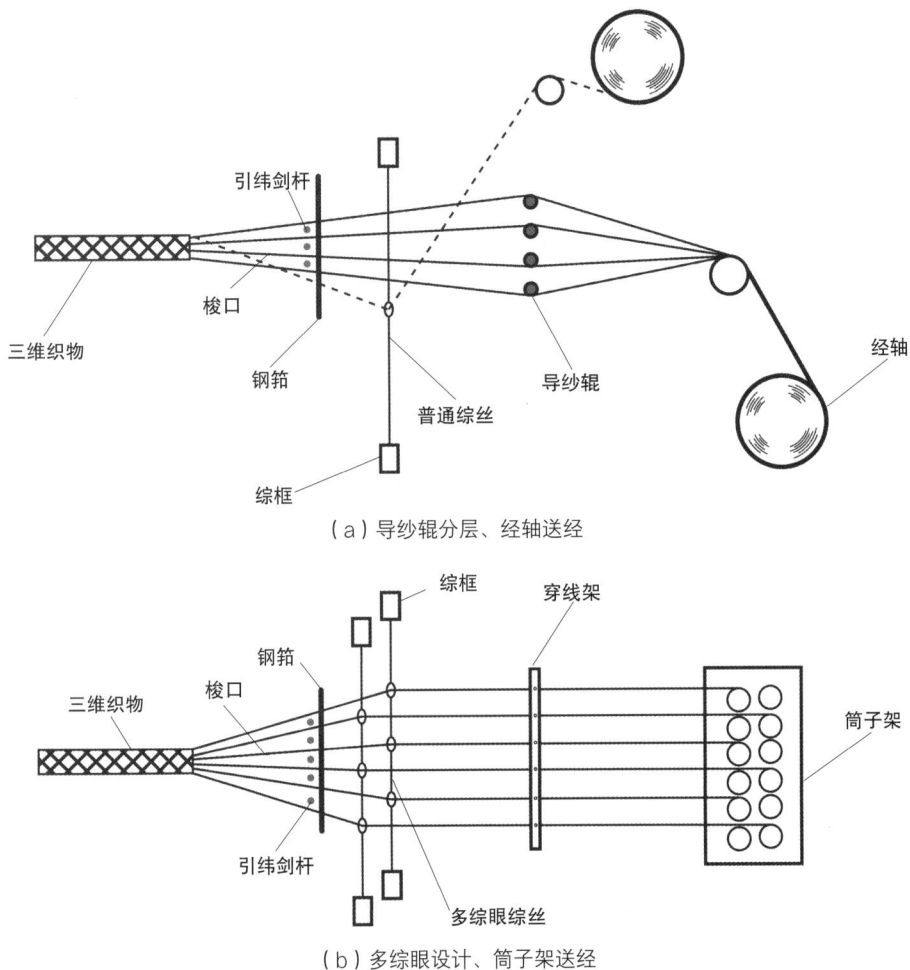

（a）导纱辊分层、经轴送经

（b）多综眼设计、筒子架送经

图7-2-11　多梭口多剑杆织机案例

3.送经机构

三维织物中不同组分的经纱织入的长度不均，易导致张力不匀，影响质量。例如，三维正交机织物中的Z纱用量比经纱多，若纱线都绕在同一个经轴上，Z纱张力将明显大于经纱张力。张力不匀的问题可以通过多经轴送经或筒子架送经的方式缓解。

（三）专用三维织机织造

在机织物中，所有平行于一个方向的纱线系统称为一个轴向，如经向、纬向。基础三维织物至少包含了三个轴向的纱线，即经向、纬向和厚度方向，对于接结纱平行于经纱方向的三维织物，可以采用符合传统织造原理的改造型织机织造。但对于一些复杂结构的三维织物和多轴向三维织物，需要借助专门的织机或部件形成多向开口或引入多向纱线。例如，织造多轴向正交三维机织物需引入随织物组织循环变化运动的斜纱导纱机构。有些特殊结构的织造还需用到特殊专用织机，如图7-2-12所示，三维正交筒状结构需使用特殊的三维圆织机。图7-2-12（b）是由六角形和三角形规则重复排列的Kagome结构，具有优良的力学性能。图7-2-12（d）是针对三维织造Kagome结构开发的织样机。

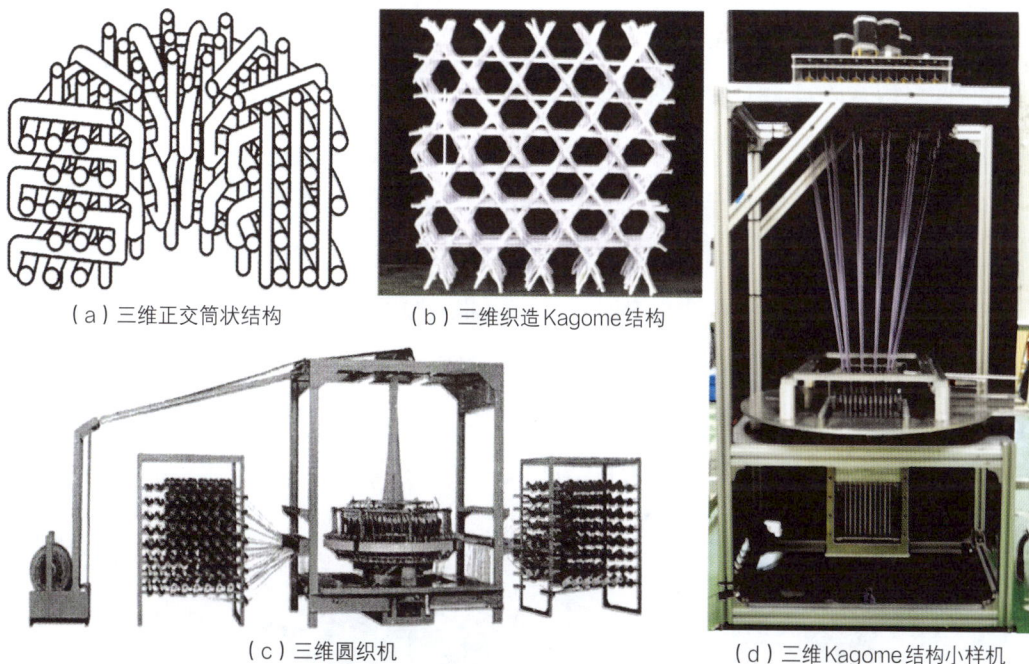

（a）三维正交筒状结构　　　　　　（b）三维织造Kagome结构

（c）三维圆织机　　　　　　（d）三维Kagome结构小样机

图7-2-12　特殊三维结构及专用织机示例

三、三维织造设计与应用案例

1.高性能三维织物

三维机织物的显著优点是能直接织出，如T形梁、工字形梁、中空结构等各种形状，获得完整性好的一体成形结构，这些结构在航空航天、土木建筑、化工生物、能源运输、文娱体育等多个领域有广泛的应用前景。图7-2-13展示了一些运用三维织造技术一体成型的异型结构预制件，经过浸润树脂、固化等复合材料加工工序，可应用于航空航天等领域。

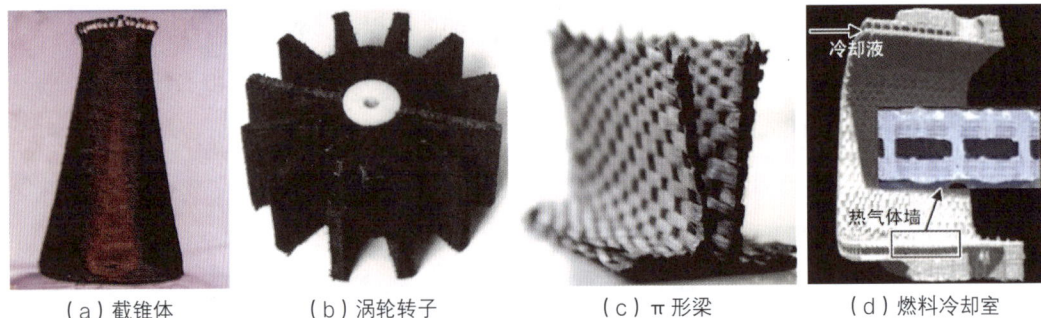

（a）截锥体　　　　（b）涡轮转子　　　　（c）π形梁　　　　（d）燃料冷却室

图7-2-13　应用于航空航天领域的三维机织结构产品

2.智能三维织物

织造三维织物时使用特殊纱线（如导电纱、光纤等），可得到具备传感、储能等功能的智能织物。例如，在三维织物中织入光纤，可通过测试光纤的后向散射电平监测三维机织结构的破坏受损情况，并且定位结构的受损位置，便于维修保养。

智能服装上的功能元件可通过三维织造的方法实现。图7-2-14（a）展示了一种三维正交机织结构天线，利用铜绞线在三维正交结构的顶层和底层织造出特定轮廓的导电贴片，得到能够收发电磁波的柔性器件，可作为超轻一体化天线集成于飞行器中。图7-2-14（b）是一种具备发电功能的三维正交织物，其经纱、纬纱和Z纱采用具有导电、能量收集、绝缘、热湿传导等功能的纱线，拍打或加压时不同纱线间互相接触摩擦，可获得电能用以驱动电子元器件工作。

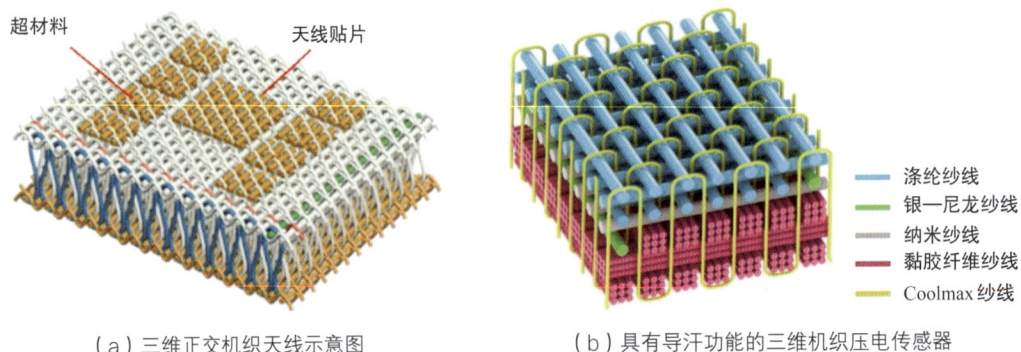

超材料　　　　天线贴片

涤纶纱线
银—尼龙纱线
纳米纱线
黏胶纤维纱线
Coolmax纱线

（a）三维正交机织天线示意图　　　　（b）具有导汗功能的三维机织压电传感器

图7-2-14　三维织物柔性元器件示例

3.时尚三维织物

三维织造能让织物变得富有层次感，配合不同种类的纱线，可以表现出多种风格。图7-2-15为一件室内工艺品，三维织造的层次感配合透明的长丝展示出一种精致的美，在室内营造出一种优雅、恬静的氛围。三维织物的立体塑造能力还可实现时尚单品的一体化织造，纺织品设计师的工作将不单局限于产品表面图案的设计，还可以拓展到产品结构的直接设计和成型。图7-2-16为三维织造工艺制作的一体织成的鞋子，实现了三维织物从材料到产品的跨越。

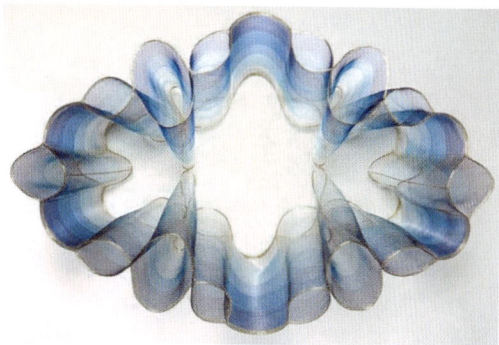

图7-2-15 三维机织作品

图7-2-16 三维机织鞋

三维织物具有灵活多变的结构，通过调整经纬纱的层数或者材料属性，可得到多种材料性能属性、丰富多样的外观造型，使其无论在功能与智能纺织品领域，还是纺织艺术领域都有广泛的应用。随着织造工艺和纺织技术的发展，更多三维织物结构有待探索开发。

第三节　智能创意

码7-3-1　智能创意

笔记

图7-3-1　集保暖与美观于一体的传统
纺织品

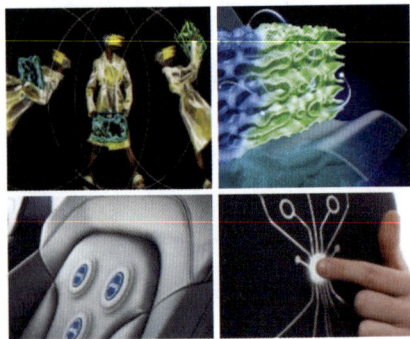

图7-3-2　集科技与功能于一体的智能
纺织品

一、概述

传统面料的纺织品可实现最基本的功能，如遮体、舒适、美观。随着人们对服装、装饰及产业用纺织品提出更高的要求，在传统面料的基础上，运用现代前沿科学技术，融入科技感、多功能化和智能化等新型元素，使面料设计朝着科技创意的方向发展。本节内容结合智能纺织品介绍面料科技创意的发展空间。

随着人类科技的发展，传统的纺织产品也从遮体、保暖、美观等基本功能（图7-3-1），向功能性、舒适感及更进一步的智能化方向发展，由此带来的新一代纺织产品将给人们前所未有的科技感体验，纺织产品的应用领域与前沿科技及横向产业的结合潜力会越来越大。5G和AI时代的到来，会进一步引爆人工智能产品市场，带动纺织传统制造技术、纤维生产工艺、面料加工整理向智能化转变，数字与智能化的纺织产品与制造技术是未来纺织工业的方向。

二、智能纺织品的定义

智能纺织品是从纺织纤维类消费中派生出的新型纺织品，这类纺织品可以对外界条件做出感应和反应，同时还保留着纺织材料、纺织品的风格和技术特征（图7-3-2）。智能纺织品本身是一个包含感知单元、反馈单元和响应（执行）单元的体系，它相较于智能纤维更容易通过整合感知元件、反馈元件和响应元件，达到"智慧化"的目的。

三、智能纺织品的分类与发展

有关智能纺织品的研究始于20世纪20年代的美国，1929年美国马什（Marsh）等开发了具有干湿折皱回复功能的纤维素织物，被认为是最早的智能纺织品。20世纪80年代后，日本学者高木俊宜教授提出了智能材料的概念，智能材料是根据外部环境的变化，自身感知并做出判断的一种功能材料。进入20世纪90年代后，随着电子、化学、生物、医学等多学科的发展，智能纺织品的概念也更加多元复杂，定义也变得更宽泛，涵盖各种具有不同附加值的、非传统型的、具有交互功能的、可实现新的或非商品性应用的纺织品。

目前，智能纺织品分为：消极智能纺织品、积极智能纺织品和高级智能纺织品（图7-3-3）。消极智能纺织品仅能感知外界环境的变化或刺激，但不能根据外界变化进行自我调节，为第一代智能纺织品。如抗紫外线服装、抗菌纺织品、陶瓷涂层纺织品、光导织物等都属于消极智能纺织品。实际上，消极智能纺织品还达不到严格意义上的智能纺织品的范畴，更准确的应该称为功能性纺织品。积极智能纺织品不仅能感知外界环境的变化或刺激，还可以根据外界变化做出相应的反应，为第二代智能纺织品。如形状记忆纺织品、防水透湿纺织品、相变蓄热服装、光热致变色纺织品等都属于积极智能纺织品。高级智能纺织品又称超智能纺织品、适应型智能纺织品等，为第三代智能纺织品，涉及通信、传感、人工智能、生物等多门学科。它能感知外界环境的变化或刺激，并做出相应的反应，通过自我调节以适应外界环境。目前，高级智能纺织品仍处于起步阶段，有待进一步研究。

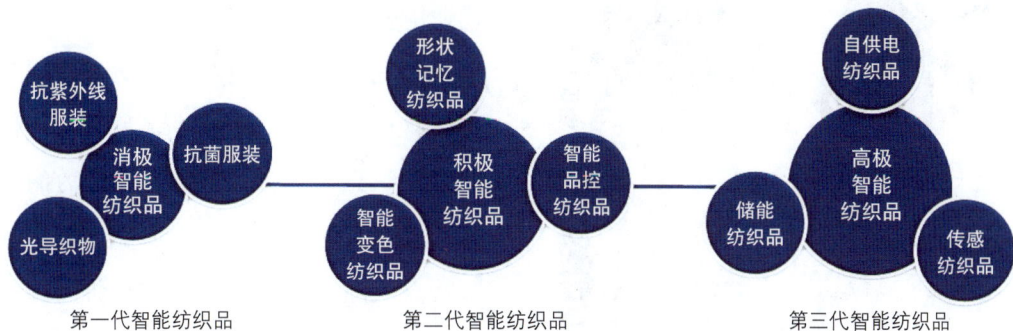

图7-3-3　智能纺织品的分类

从智能可穿戴纺织技术近二十年的发展历程可以看到，它经历了最初的迅速发展，

（a）智能衫	（b）婴儿睡眠监测器

（c）智能袜	（d）智能夹克

图7-3-4　智能纺织品

无阳光	有阳光

（a）光致变色

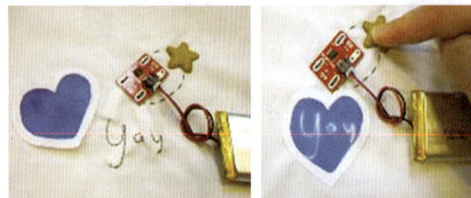

变色前	变色后

（b）电致变色

图7-3-5　智能变色纺织品

到2005年左右的急速衰退，在2010年前后可穿戴技术又开始急速发展，并且开始有产品进入市场。这得益于半导体、计算机、互联网等领域的快速发展，以及人们对新型产品的需求。

目前市场上已经有一些智能纺织品（图7-3-4），包括一些著名的服装品牌，也包括一些科技公司的产品，主要集中在传感类纺织品。

1.智能变色纺织品

智能变色纺织品是指随外界环境条件，如光、电、温度等的变化而可以显示不同色泽的纺织品（图7-3-5）。这是一种具有高附加值和高效益的智能产品，在纺织、服装、民用、娱乐、军事、防伪等领域具有广泛的应用价值和发展前景。

2.形状记忆纺织品

形状记忆纺织品通过织造或整理的方式引入形状记忆功能材料（图7-3-6）。在温度、机械力、光、pH等外界条件下，具有高效的恢复性、良好的抗震性或适应性等优良性能。例如，利用形状记忆聚氨酯通过湿法或熔融纺丝法制备出形状记忆纤维，可制成多种形状记忆功能纺织品，具有抗皱和保形能力的同时，还具有耐磨、柔软舒适、透气性好等特点。随着对形状记忆材料研究的深入以及纺织品加工技术的进一步提高，形状记忆功能纺织品将会得到更大的发展。

图7-3-6　形状记忆纺织品

3.智能相变温控纺织品

智能相变温控纺织品可以根据外部环境温度的变化而变化，在一定温度的范围内自由地去调节纺织品的内部温度（图7-3-7），具有较广泛的应用价值。也就是说，如采用相变材料制成的智能温控面料，当外部环境温度升高时，它会吸收热量并储存下来；当外部温度比较低时，它会释放热量，内部温度可在一定范围内保持相对稳定。

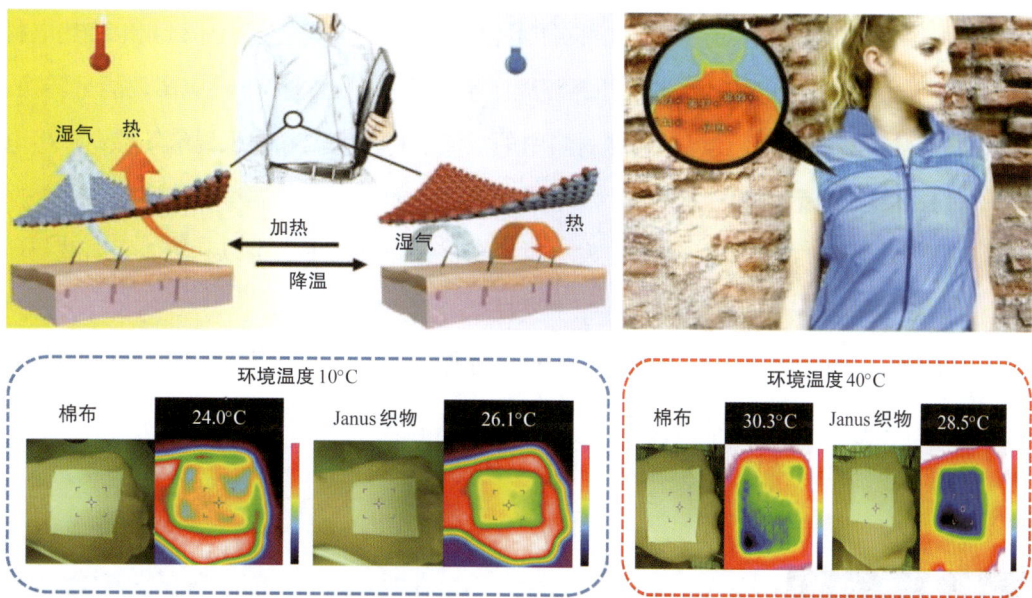

图7-3-7　智能相变温控纺织品

4.电子信息智能纺织品

电子信息智能纺织品涵盖了能量转换装置、能量存储装置和智能传感装置（图7-3-8）。第一类包括：热电、摩擦电、压电以及太阳能电池等，在一定原理机制的催生下可产生电能。第二类包括：超级电容器、电池等，可实现电能的存储和充放电。最后一类包括以压力、温度、光强等因素激发的智能传感技术，具有广泛的应用价值。

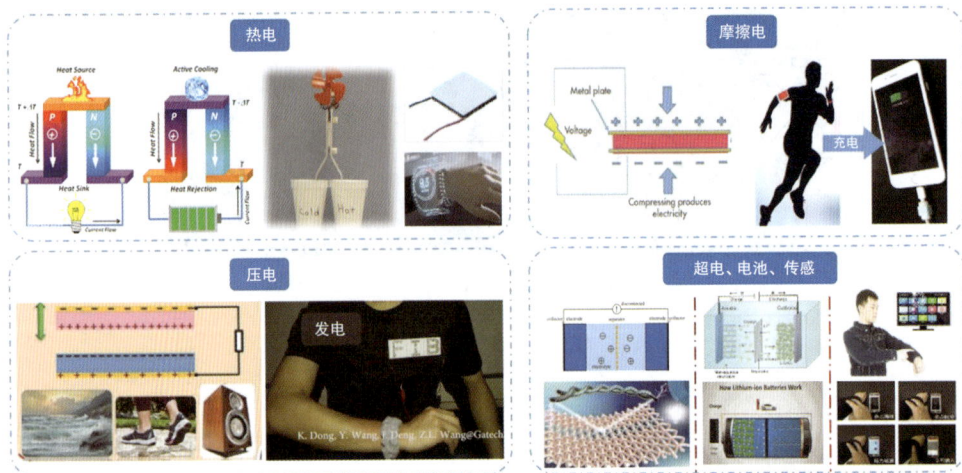

图7-3-8 电子信息智能纺织品

5.热电类智能纺织品

热电类智能纺织品是利用人体与环境之间的温差将热能转换为电能（图7-3-9）。人体是一个不断散发热量的热源，大部分能量都是以热的形式耗散，那么如果将热电材料与纺织技术相结合，利用人体与外界环境产生的温差，通过热电效应实现能量转换。例如，当热电材料两端存在温差时，材料中的载流子将从高温端向低温端转移，产生电流，就可以在一定程度上解决部分小型电子元器件，如体温计、温湿度传感器、紫外探测仪以及计步器等的用电量。将热电发电机编织进针织结构中，可以利用体表温度与环境温度间的温度差，产生电流，为针织手环供电。

压电效应，简单来说，就是指对压电材料施加压力，便会使其产生电位差（正压电效应）；反之施加电压，则产生机械应力（逆压电效应）。从能量角度说，在某些材料中，存在机械能与电能的转换现象。电子纺织品将传统电子技术集成到纺织品中，当

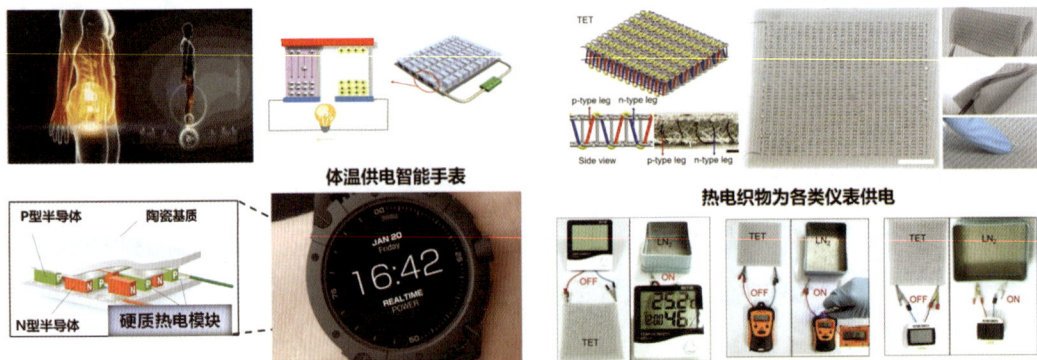

图7-3-9 柔性热电器件及应用

织物被拉伸或者暴露于压力下时，纤维的形变将引起电荷分布的重组，从而产生电压（图7-3-10）。研究人员通过将压电纱线与导电纱线共同编织做成单肩包肩带上的一片织物，当包内装有3kg书籍时，可以产生4mv的电压，这足以间歇地为一盏LED灯供电。如使用这种织物做成一个完整的包，就能够获取足够的能量来传送无线电信号。

摩擦电发电机的原理是摩擦起电效应。依据接触起电和静电感应的耦合作用原理，摩擦电发电机能够将机械能转化为电能（图7-3-11）。王中林院士研究团队成功构筑了高输出功率的三维正交编织摩擦电发电织物，在拍打或踩踏情况下点亮了组成"3DTX TENG"图样的71个LED灯，并且成功给警示灯/电容器/智能手表、运动信号追踪、自供电跳舞毯供电。

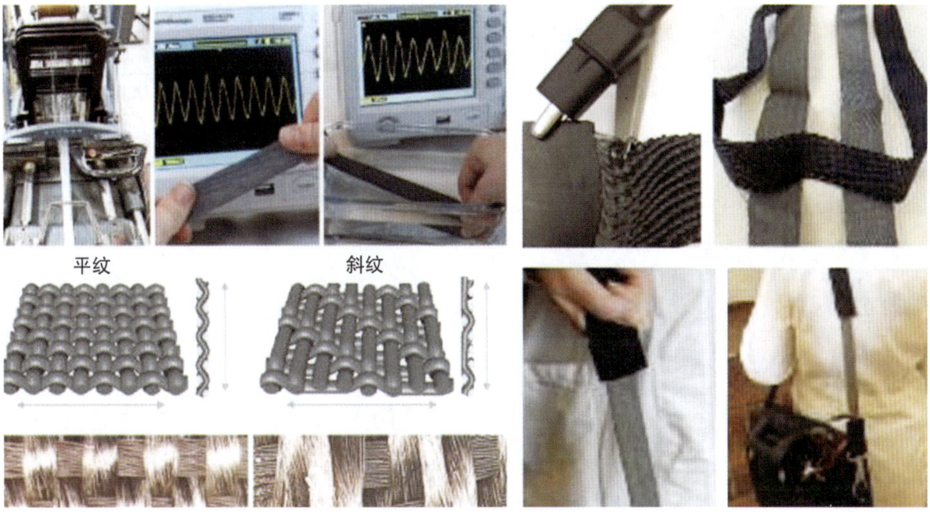

平纹　　斜纹

图7-3-10　压电纱线及织物

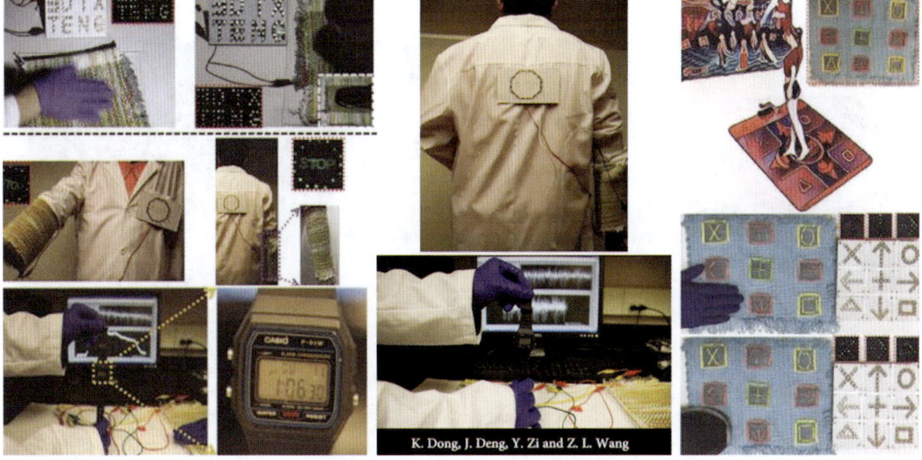

图7-3-11　摩擦纳米发电织物

能量存储装置包括电容器、电池等。超级电容器作为一种能够快速充放电的电化学储能器件，可以实现与纺织品的有机融合，可以以纱线形式织入织物，为一些小型穿戴电子设备供电（图7-3-12）。

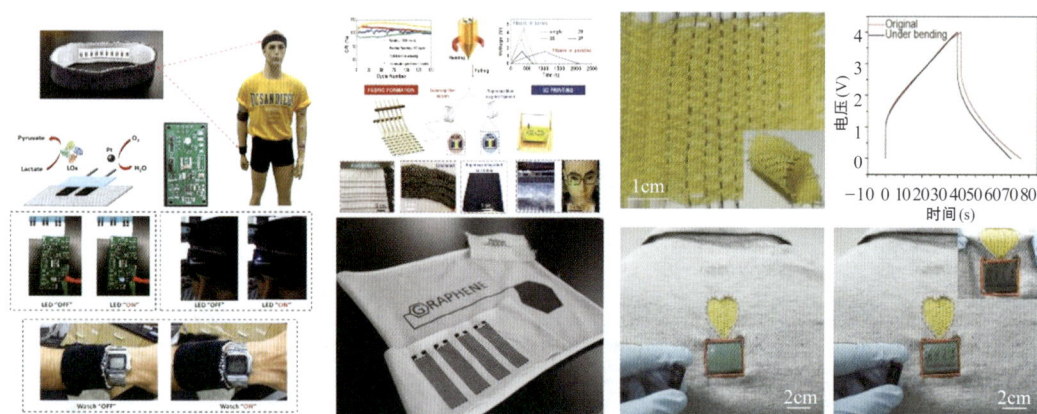

图7-3-12　超级电容织物

6. 智能可穿戴纺织品

随着可穿戴电子产品市场的不断增长，柔性和可穿戴式储能装置受到越来越多的关注。纤维形状的电池显示出独特的一维结构，具有优越的灵活性、小型化潜力、对变形的适应性以及与传统纺织工业的兼容性，特别有利于可穿戴应用，纤维状电池与纺织品的集成将成为未来可穿戴储能纺织品的主要发展方向之一（图7-3-13）。

传感器用于检测信号，是被动智能材料的基本元素。传感纺织品是目前电子纺织品及柔性可穿戴技术的研究重点（图7-3-14）。对于传感纺织品，可通过对纺织品基材的

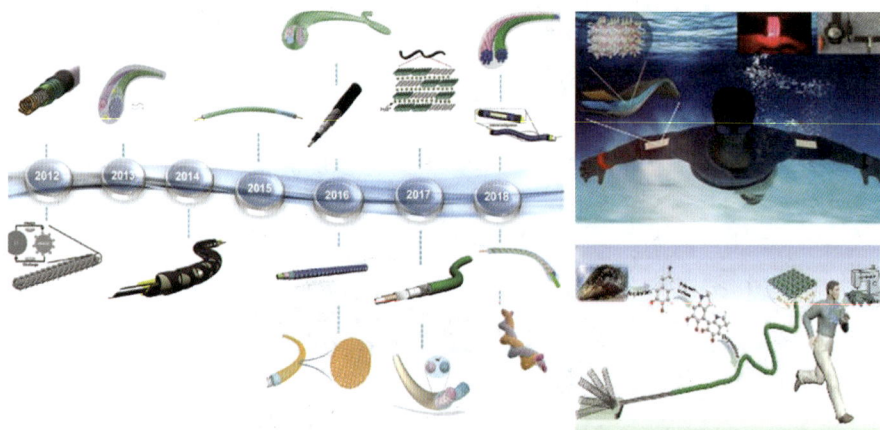

图7-3-13　纤维状电池织物及服装

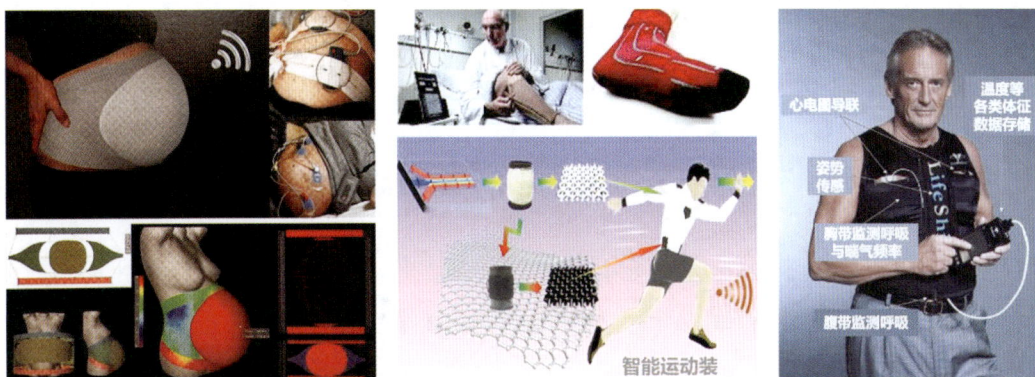

图7-3-14 传感织物

内在和外在修饰来创建感测功能。织物传感器对多种物理和化学刺激敏感，可测量力、化学品、湿度和温度变化等。如今，可穿戴传感纺织品技术是各领域的研究热点，包括健康监护、生物医学、军事和航空航天等领域。

众所周知，传统纺织品只具备遮体、保暖、美观等基本功能。基于现代人对纺织品舒适感、功能性及智能化的进一步需求，新一代纺织品将向着前所未有的科技感体验、应用领域与前沿科技相结合的方向进一步发展。在传感、健康监测、智能微电子设备等方面拓展更多的应用可能性。未来纺织工业将向着数字化、智能化、高技术含量纺织产品与制造技术结合的方向大力发展，实现创意无限的高科技新兴制造。

练习与讨论

单选题

1. 局部更换经纱进行织造时，应注意（　　　）。
   A. 纱线颜色品种的一致性　　　　　　　　B. 不能多次更换经纱
   C. 调整各根经纱的张力一致　　　　　　　D. 前后两种经纱在织口与钢筘之间打结
2. 在缂织中，面的表现方法不包括（　　　）。
   A. 结　　　　　　　B. 掼　　　　　　　C. 绕　　　　　　　D. 戗
3. 若要在编织过程中获得辫形结构的造型，可通过两行不同缠绕方向的（　　　）而得到。
   A. 品字纹　　　　　　B. 人字纹　　　　　　C. 连珠纹　　　　　　D. 栽绒编织

多选题

编织是非常古老而富有生命力的一类技艺，其技法主要可包括（　　　）。
A. 锁经编织法　　　　　　　　　　　　B. 栽绒编织法
C. 绳状编织法　　　　　　　　　　　　D. 簇绒编织法

判断题

1. 面料设计的创意来源是无穷无尽的，设计出来的面料品种数量也可以是无穷无尽的。（　　　）
2. 纱线以外的其他材料和梭织以外的加工工艺无法应用于面料设计。（　　　）

讨论题

1. 你最喜欢哪种创意织造方法？为什么？
2. 为了使织机适合三维织物的织造，通常需要对织机的哪些部分进行什么样的改造？
3. 智能织物有哪些应用领域？请举例说明。
4. 除了本书中介绍的新材料、新方法与面料设计的结合，你认为还有哪些可行的结合方法？
5. 请想象一下，未来50年，人们最需要的会是什么样的新面料？为什么？

参考文献

［1］钱小萍. 中国织锦大全［M］. 北京：中国纺织出版社，2014.

［2］李加林，梁学勇，郭京亚.“一带一路”视域下的中国现代织锦技艺［M］. 杭州：浙江大学出版社，2017.

［3］中国纺织工业联合会，世界布商大会组委会. 2024世界纺织行业趋势展望［M］. 北京：中国纺织出版社有限公司，2024.

［4］荆妙蕾. 织物结构与设计［M］. 6版. 北京：中国纺织出版社有限公司，2021.

［5］朱苏康，高卫东. 机织学［M］. 2版. 北京：中国纺织出版社，2015.

［6］周启澄，赵丰，包铭新. 中国纺织通史［M］. 上海：东华大学出版社，2017.

［7］姚穆，孙润军. 纺织材料学［M］. 5版. 北京：中国纺织出版社有限公司，2020.

［8］沈干. 黑白经纬·下册：织物组织设计图集［M］. 北京：化学工业出版社，2005.

［9］陈江，国家文物进出境审核海南管理处. 黎锦［M］. 北京：科学出版社，2016.

［10］黄能馥. 中国成都蜀锦［M］. 北京：紫禁城出版社，2006.

［11］钱小萍. 中国宋锦［M］. 苏州：苏州大学出版社，2011.

［12］金文，刘雨眠. 云锦［M］. 重庆：重庆出版社，2021.

［13］吴伟峰. 壮族织锦技艺［M］. 北京：北京科学技术出版社，2014.

［14］朴文英. 缂丝［M］. 苏州：苏州大学出版社，2009.

［15］濮安国，濮军一. 中国工艺美术大师王金山：缂丝［M］. 南京：江苏美术出版社，2013.

［16］贾应逸. 新疆古代毛织品研究［M］. 上海：上海古籍出版社，2015.

［17］胡霄睿，孙丰鑫. 东方缂丝与西方缂毛的起源时序与成因探析［J］. 服装学报，2023，8（3）：229-234.

［18］高爱香. 纤维装饰艺术设计［M］. 北京：中国纺织出版社，2015.

［19］路甬祥，钱小萍. 中国传统工艺全集·丝绸织染［M］. 郑州：大象出版社，2005.

［20］娄琳，窦宏晨，胡若涵，等. 织造技艺非遗传承老龄化问题与年轻态传播策略［J］. 浙江理工大学学报（社会科学版），2020，44（2）：207-214.

［21］ZHENG Y Y, ZHANG Q H, JIN W L, et al. Carbon nanotube yarn based thermoelectric textiles for harvesting thermal energy and powering electronics［J］. Journal of Materials Chemistry A, 2020, 8（6）: 2984-2994.

［22］ZHAO F, SANDRA S, CHRISTOPHER B. A World of Looms: Weaving Technology and Textile Arts［M］. Hangzhou: Zhejiang University Press, 2019.

［23］HARVEY C, HOLTZMAN E, KO J, et al. Weaving objects: Spatial design and functionality of 3D-woven textiles［J］. Leonardo, 2019, 52（4）: 381-388.

［24］LIU G, KANG K. A weaving machine for three-dimensional Kagome reinforcements［J］. Textile Research Journal, 2018, 88（3）: 322-332.

［25］BILISIK K. Multiaxis three-dimensional circular woven preforms– "radial crossing weaving" and "radial in-out weaving": Preliminary investigation of feasibility of weaving and methods ［J］. The Journal of the Textile Institute, 2010, 101（11）: 967-987.

［26］LI C, WEI J, XIN MIAO W, et al. Research Progress on Mechanical Properties of 3D Woven Composites［J］. Journal of Materials Engineering, 2020, 48（8）: 62-72.

［27］DONG K, DENG J N, ZI Y L, et al. 3D orthogonal woven triboelectric nanogenerator for effective biomechanical energy harvesting and as self-powered active motion sensors［J］. Advanced Materials, 2017, 29（38）: 1702648.

［28］LI W Z, ZHANG K, PEI R, et al. Composite metamaterial antenna with super mechanical and electromagnetic performances integrated by three-dimensional weaving technique［J］. Composites Part B: Engineering, 2024, 273: 111265.

艺术经纬：面料设计与织造工艺

［29］FAN W, LEI R X, DOU H, et al. Sweat permeable and ultrahigh strength 3D PVDF piezoelectric nanoyarn fabric strain sensor［J］. Nature Communications, 2024, 15（1）: 3509.

［30］WANG H, CHENG J, WANG Z Z, et al. Triboelectric nanogenerators for human-health care ［J］. Science Bulletin, 2021, 66（5）: 490-511.

［31］DONG K, WANG Z L. Self-charging power textiles integrating energy harvesting triboelectric nanogenerators with energy storage batteries/supercapacitors［J］. Journal of Semiconductors, 2021, 42（10）: 101601.

［32］KETTLEY S. Designing with Smart Textiles［M］. New York: Fairchild Books, Bloomsbury Publishing Plc, 2016.

［33］PAILES-FRIEDMAN R. Smart Textiles for Designers［M］. London: Laurence King Publishing, 2016.

附录

面料设计作品赏析

感谢与本书一起探索承载古今的织造技艺，分析多种多样的面料种类，结识变幻无穷的组织结构，体验设计织造的整个流程，尝试灵活多变的创意织造技法。可能你已经被经纬交织的艺术魅力深深地吸引。期待大家用智慧与巧手为世界创造出精美而实用的面料作品。

在长期的教学实践中，一批批优秀的设计作品不断涌现。在本书的最后，展示部分作品设计案例（更多面料作品设计案例请见本教材配套的线上一流课程资源库，其中的案例及教学视频、知识图谱、互动讨论答疑、题库、拓展资料等内容持续更新，为大家提供教学服务）。线上一流课程在多个平台（附图1）同步运行并开放共享，欢迎参加。

智慧课程(含AI知识图谱等)平台　

线上一流课程开放共享服务平台　

配套资源小程序　

微信公众号　织造技艺 ★
　　　　　　浙江

附图1　教材相关平台

一、实用面料设计案例

实用面料设计案例如附图2~附图10所示。

附图2　作品名称：《背上的摇篮》　作者：喻旺　徐峰峰

附图3　作品名称：《色彩的旋律》　作者：周青　朱东燕

附图4　作品名称：《扎西德勒》
作者：张玉丹　翟贝贝

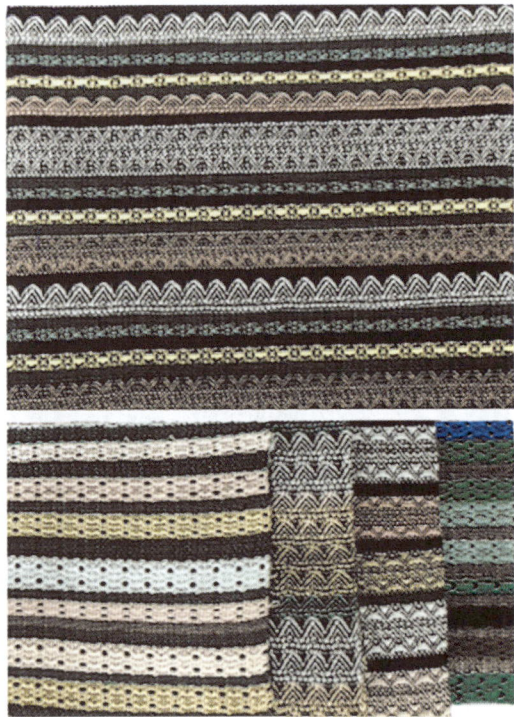

附图5　作品名称：《苗疆》
作者：王首丘　沈斌　王自清

附图6　作品名称：《京梦》　作者：何音婷　李倩玲

附图7 作品名称:《侗彩·雅集》 作者:蒋令仪 朱盈燕 王爽

附图8 作品名称:《斑斓》 作者:林芸亦 雷韵扬

附图9 作品名称:《水·印象》 作者:陈凌逸 郑巧

附图10 作品名称:《人间乐园》 作者:李子骏 邓欣悦

二、创意面料设计案例

创意面料设计案例如附图11~附图19所示。

附图11　作品名称：《山鸣谷应》　作者：王素含　蔡馨语

附图12　作品名称：《山水集》
作者：陈靖　竺俊

附图13　作品名称：《拼纷》　作者：蔡周棋　杨小帅

附图14　作品名称:《冬至》 作者：张锦洋　张淑婷

附图15　作品名称:《棉花糖》 作者：周彦廷 赵紫怡　余宇欣

附图16 作品名称:《滨海破晓》 作者:姜沐含 刘思思

附图17 作品名称:《薰语轻纱》 作者:蒋夏天 叶衡

附图18　作品名称：《狮舞祥空》　作者：李欣　李明珠

附图19　作品名称：《落日幻想》　作者：张晴晴　闫梦然